DELIUS KLASING

60 JAHRE

NICOLE HETTESHEIMER

PORSCHE
911 TARGA

EDITION PORSCHE MUSEUM

911
PORSCHE

THERE IS
NO CAR LIKE A PORSCHE.
AND THERE IS NO PORSCHE LIKE A TARGA.

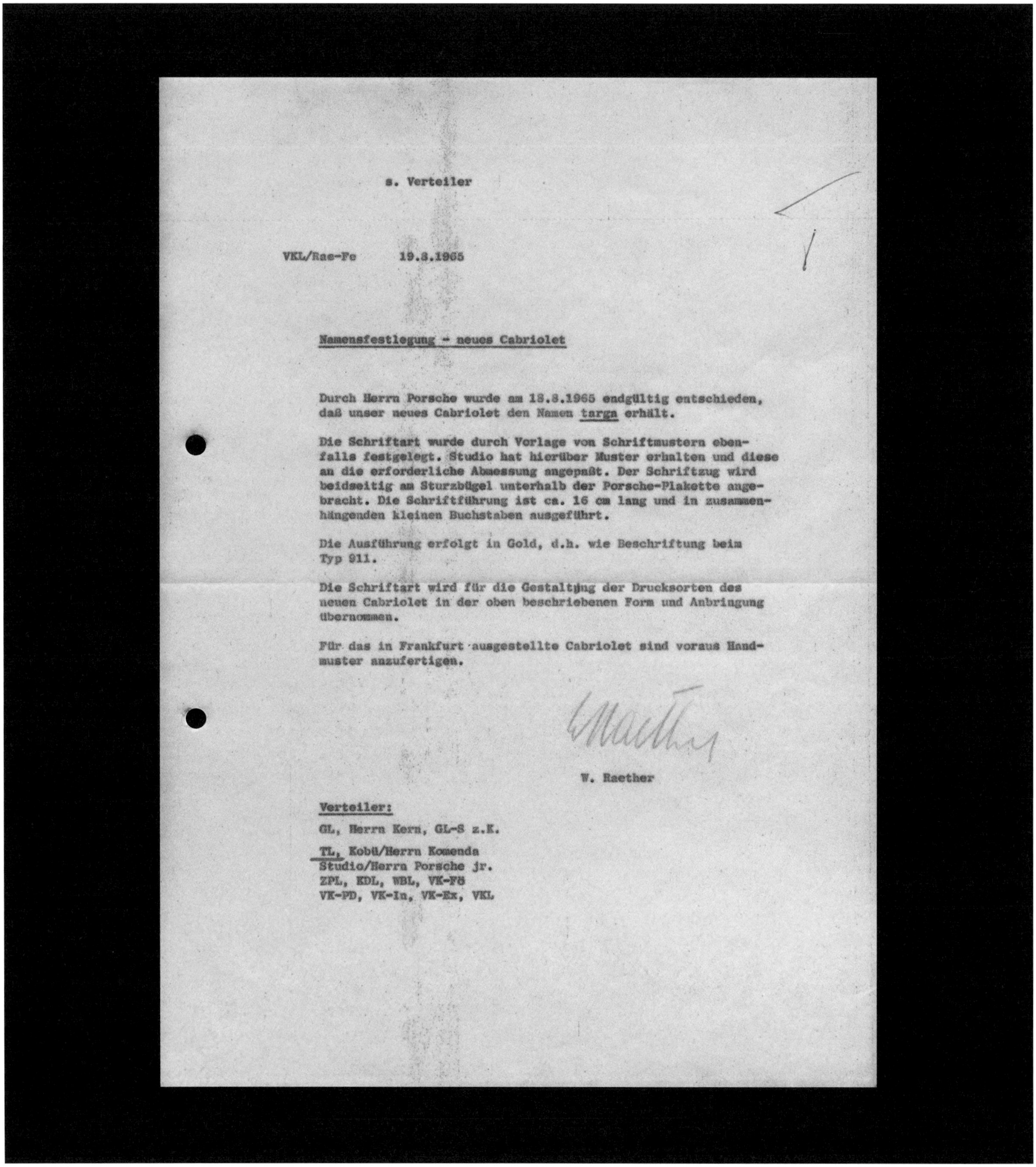

s. Verteiler

VKL/Rae-Fe 19.8.1965

<u>Namensfestlegung - neues Cabriolet</u>

Durch Herrn Porsche wurde am 18.8.1965 endgültig entschieden, daß unser neues Cabriolet den Namen <u>targa</u> erhält.

Die Schriftart wurde durch Vorlage von Schriftmustern ebenfalls festgelegt. Studio hat hierüber Muster erhalten und diese an die erforderliche Abmessung angepaßt. Der Schriftzug wird beidseitig am Sturzbügel unterhalb der Porsche-Plakette angebracht. Die Schriftführung ist ca. 16 cm lang und in zusammenhängenden kleinen Buchstaben ausgeführt.

Die Ausführung erfolgt in Gold, d.h. wie Beschriftung beim Typ 911.

Die Schriftart wird für die Gestaltung der Drucksorten des neuen Cabriolet in der oben beschriebenen Form und Anbringung übernommen.

Für das in Frankfurt ausgestellte Cabriolet sind voraus Handmuster anzufertigen.

W. Raether

<u>Verteiler:</u>

GL, Herrn Kern, GL-S z.K.

TL, Kobü/Herrn Komenda
Studio/Herrn Porsche jr.
ZPL, KDL, WBL, VK-Fö
VK-PD, VK-In, VK-Ex, VKL

targa

SO WUNDERBAR UNPERFEKT – EINE LIEBESERKLÄRUNG
VON MICHAEL MAUER

Der Targa erzeugt aus meiner Sicht vielleicht die stärkste Liebesbeziehung im 911-Kosmos – der Grund ist ein stilistischer. Denn rein formal ist der Targa nicht perfekt. Die für den Elfer so prägende Flyline und Seitenscheibenoptik – in der Designer-Sprache DLO (daylight opening) abgekürzt – ist beim Targa nicht so signifikant. Der Bogen ist raus. Der Targa-Bügel unterbricht den Flow der Flyline, diese ikonische Form des 911.

Damit ist der Bügel für mich vergleichbar mit der Zahnlücke zwischen den Schneidezähnen eines Topmodels. Vanessa Paradis machte sie populär oder Mick Jaggers Tochter Georgia May. Die Lücke, der Bügel, entspricht nicht dem gelernten Ideal, aber genau dadurch entsteht etwas sehr Charakteristisches.

So war es bereits 1965, als der erste auf der IAA stand und so ist es heute, wenn man einem Targa im Straßenbild begegnet: Die Eigenwilligkeit des Bügels bleibt im Gedächtnis. Und genau deshalb spricht beim Targa viel für eine Liebesbeziehung, jenseits des allgemeinen Idealbildes verliebt man sich in die Zahnlücke, den Schönheitsfleck auf der Wange, die außergewöhnliche Augenbraue.

Mit dem Targa begann beim 911 die Individualität. Heute steht das Nukleus-Modell der Marke wie kein zweites für eine Vielzahl an Derivaten. Neben dem Targa kam das Cabriolet, die Carrera-Modelle entstanden, die GT2- und GT3-Versionen folgten, natürlich der Turbo und seit Kurzem auch der Dakar.

Den Anfang aber machte der Targa.

Er setze den Maßstab. Sondermodelle des 911 müssen Persönlichkeit haben, sich wirklich abheben und sie müssen auch ästhetisch etwas auslösen, sich bemerkbar machen.

Der Targa überzeugt zudem durch diese geniale Kombination aus Cabrio und Coupé – offen fahren ohne Nachteile. Nur den Himmel über sich als die Grenze des Möglichen.

Ein besonderes Topmodel im Porsche-Portfolio, eines, das den 911 noch einmal zusätzlich und ausdrucksstark auf den Schild hebt – und das überrascht nicht, denn Targa heißt im Italienischen ja genau das: Schild.

INHALT

F.A.P.

„EINE GUTE IDEE IST OFT ÜBERRASCHEND EINFACH."

Ferdinand Alexander Porsche
nach seinen Initialen auch F. A. oder F. A. P. genannt, Leiter der Porsche-Designabteilung von 1962–1972, verantwortlicher Designer des 901/911 Urmodells und des Targa-Überrollbügels

ONE WAY

THE BEAUTY | DETAILS

S-KJ 100

EINE EIGENE ÄSTHETIK, EINE EIGENE FAHRZEUGGATTUNG. DER 911 TARGA IST EIN FAHRZEUGKONZEPT AUS ÜBERZEUGUNG, MIT EIGENEM FLAIR UND EIGENEM CHARAKTER.

Ein Unikat. Mit dem 911 Targa und seinem Überrollbügel als unverwechselbares Markenzeichen hat Porsche aus dem Sicherheitscabriolet eine sportlich-elegante Ikone unter den Sportwagen entstehen lassen. Die Idee, den Sturzbügel aus dem Motorsport für den 901 zu übernehmen, stammt von F. A. Porsche. Das neue Fahrzeugkonzept hat den Cabriolet-Bau revolutioniert und ist das Sinnbild für die smarte Lösungsorientierung im Stuttgart-Zuffenhausen der frühen 1960er-Jahre.

Der irischgrüne Vorserien-Prototyp des Porsche 911 S Targa ist offiziell am 2. August 1966 zugelassen worden, sein Erstbesitzer: Dr. Ferry Porsche. Es wird bis zum Jahr 1982 dauern, bis Porsche neben den Karosserievarianten Coupé und Targa auch ein 911 Cabriolet anbietet. Der Targa ist der erste offene Porsche-Sportwagen der Baureihe 911.

Die Bezeichnung „targa“ ist ein für Automodelle markenrechtlich geschützter Begriff der Dr. Ing. h.c. F. Porsche AG. Die Modellbezeichnung in Gold-Ausführung ziert den charakteristischen Überrollbügel auf beiden Seiten – am 18. August 1965 hat Firmeninhaber Ferry Porsche entschieden, das erste 911 Cabriolet „targa“ zu nennen.

Im Jahr 1955 trat die Porsche-Schriftart mit der Bezeichnung „Carrera“ zum ersten Mal auf Fahrzeugen in Erscheinung und wurde bis heute über die Modellreihen hinweg stilistisch kaum verändert. Die Bedeutung des italienischen Begriffs fiel der Legende nach erst den Textern des Porsche-Werbeprospekts auf. Das Wort „targa“ wurde vom sizilianischen Langstreckenrennen Targa Florio übernommen, das von 1906 bis 1977 ausgetragen wurde und bei dem Porsche einige entscheidende Siege erringen konnte. Der Modellname soll an diese Motorsporterfolge erinnern und gleichzeitig Sicherheit vermitteln – denn *targa* heißt im Italienischen auch „Schild“ oder „Schutzschild“.

Als „targa“ werden Modelle des Porsche 911 und 912 bezeichnet, die als unverkennbares Erkennungsmerkmal über ein Dachsystem mit Überrollbügel und Panorama-Heckscheibe verfügen. Das erste offene 911-Modell ist gleichzeitig auch das erste Karosseriederivat und schafft gleichzeitig ein eigenes Sportwagensegment. Charakteristische Designmerkmale verbinden sich mit einer besonderen Dachkonstruktion.

Porsche lässt den Namen Targa patentieren und ist der einzige Automobilhersteller, der „Targa“ als Modellbezeichnung führen darf. Der Sportwagenhersteller hat bei folgenden Targa-Modellen weitere Patente angemeldet:

- beim **Ur-911 Targa (ab 1965)** das Verdeck als Gesamtkonzept, es folgen 1966 die Patente für das vordere Dachteil und das Heckverdeck. Der Targa besteht hier aus einem fest montierten Sicherheitsbügel, herausnehmbarem Dachmittelteil und einer flexiblen Heckscheibe (Soft-Window), die ab 1967 durch eine feste, beheizbare Panorama-Heckscheibe aus Sicherheitsglas ersetzt wird,

- beim **Typ 993 Targa (ab 1996)** ein automatisiertes Dachsystem mit auffahrbarem Panorama-Glasdach bis zur C-Säule mit spitz zulaufenden Seitenscheiben,

- beim **Typ 991 (seit 2014)** ein vollautomatisiertes Dachsystem mit Überrollbügel, beweglichem Dachteil und umlaufender Heckscheibe, bei dem das Dachsegment per Knopfdruck in 19 Sekunden öffnet.

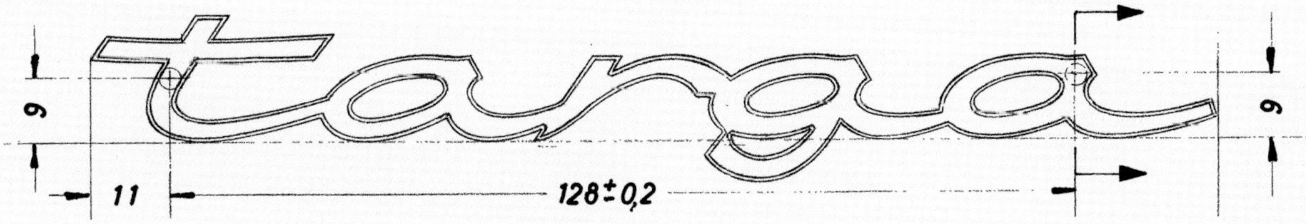
targa
9
11
128±0,2
9

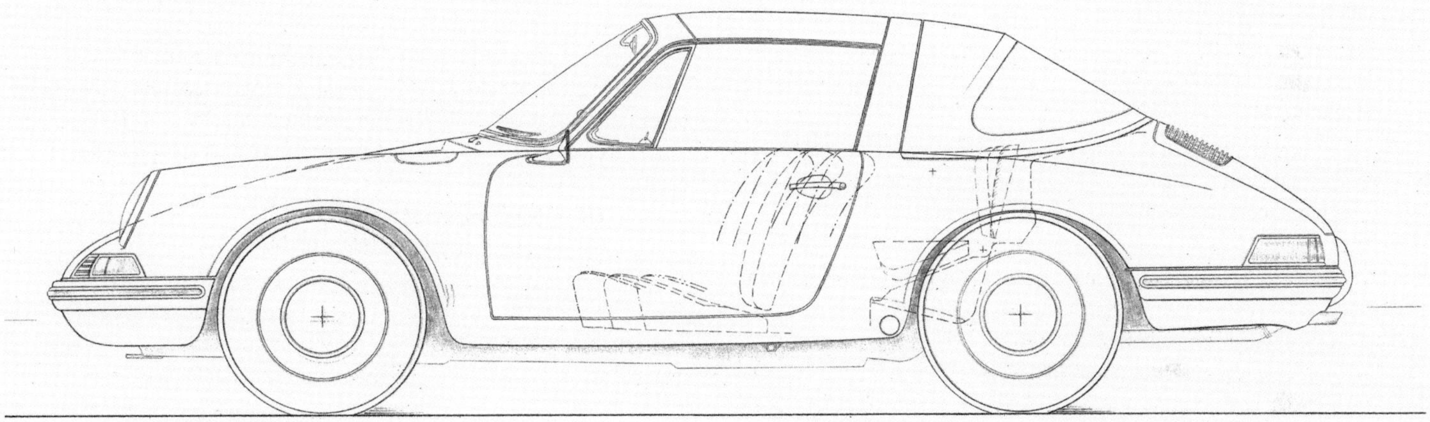

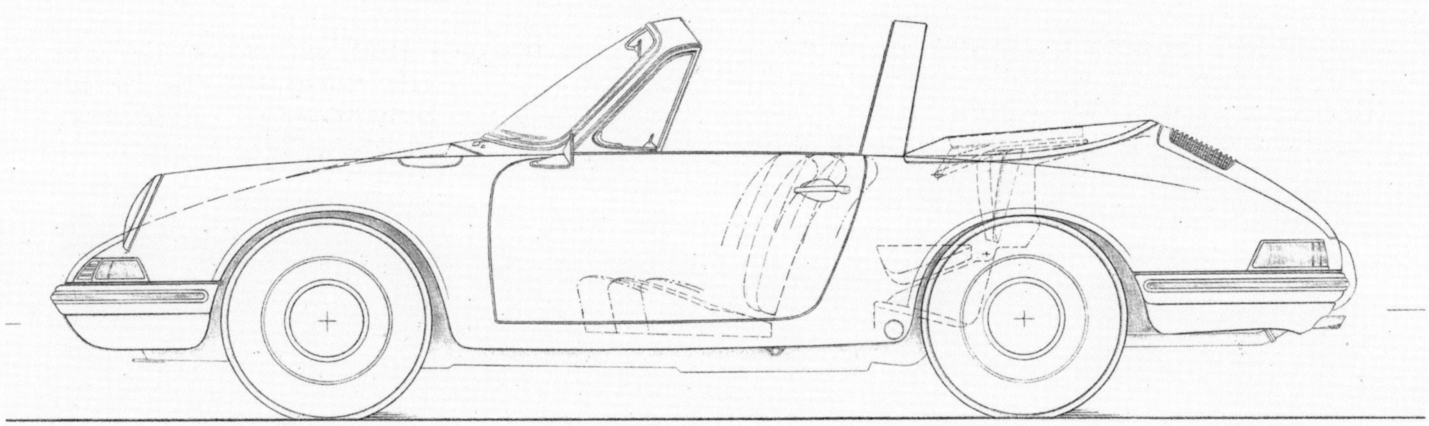

targa

Bis heute der Maßstab beim Start eines jeden neuen 911-Fahrzeugprojekts:
das Cockpit des Ur-911-Modells – hier der 911 S Targa.

S GO 107 H

911 TARGA
WEGBEREITER

Porsche beschreitet mit dem Ur-911 Targa Neuland und definiert eine eigene Fahrzeugkategorie. Nur wenige können folgen. Bis heute wird der Name Targa fast ausschließlich mit dem attraktiven Sportwagen-Modell aus Zuffenhausen verbunden.

PROLOG | VORWORT

Über die Anfänge des 911 Targa

DAS FAMILIENUNTERNEHMEN

„Wenn ich an den 911 Targa denke, dann erinnere ich mich automatisch an meine Anfangsjahre in der Firma zurück. Das war eine spannende, aber keineswegs nur einfache Zeit für mich“, sagt Hans-Peter Porsche in seinem Büro, das sich im Hans-Peter Porsche Traumwerk in Anger-Aufham im Berchtesgadener Land befindet. Diese Erlebniswelt und Eventlocation hat er 2015 zusammen mit seinem Sohn Daniell ins Leben gerufen. Ein Ort, an dem Historie, Technik und Design verschmelzen, wo Automobilgeschichte erlebbar ist und wo zudem eine der beeindruckendsten Modelleisenbahnanlagen europaweit sowie eine imponierende Ausstellung von historischem Blechspielzeug gezeigt werden. „Ich war damals Jung-Ingenieur und einer der Söhne des Besitzers. Der Druck war immer da, als Porsche musst du Leistung zeigen. Das war schon in der Schule so und begleitet mich mein ganzes Leben. Da ist immer die Verantwortung, die mitschwingt“, beschreibt Porsche seine persönlichen Erfahrungen, in einer Autodynastie groß geworden zu sein. Im Herbst 2025 wird er 85 Jahre alt.

Nach seiner Ausbildung zum Ingenieur an der Maschinenbauschule in Salzburg steigt Hans-Peter Porsche als Assistent der Geschäftsführung im Jahr 1964 in die Firma seines Vaters Ferry Porsche ein. Von 1965–1971 ist er Leiter der Produktion, des Einkaufs, der Inspektion und des Bauwesens der Dr. Ing. h.c. F. Porsche KG, Stuttgart. Unter seiner Leitung werden auch die ersten Targa-Einheiten hergestellt. Sein älterer Bruder ist Ferdinand Alexander Porsche, genannt F. A., der 1957 in der Firma anfängt und 1962 Leiter der Designabteilung wird. „Mein Bruder F. A. und ich standen uns sehr nahe. Wir waren uns sehr ähnlich und wir haben uns immer gut verstanden. In den Anfangsjahren bei Porsche hat er dafür gesorgt, dass ich mit meiner Frau in seine Nähe gezogen bin. Wir waren fast Nachbarn und haben uns jeden Abend gesehen“, erzählt Hans-Peter Porsche, wenn er an seinen 2012 verstorbenen Bruder denkt, der nicht nur durch die Gestaltung der legendären 911-Silhouette selbst zur Designikone geworden ist. „Ich habe ihn immer für seinen Ideenreichtum bewundert. Was er alles in die Firma eingebracht hat, auch nach dem Ausstieg der Familie Anfang der 1970er Jahre, ist bemerkenswert. Er hatte immer große Träume.“ Im Jahr 1972 gründen F. A. und Hans-Peter Porsche mit der Firma Porsche Design ihr eigenes Designstudio, das heute als Studio F. A. Porsche zu den renommiertesten Produktdesign-Adressen der Welt zählt. Das Designbüro entwirft als exklusive Marke Mode, Sportbekleidung oder Accessoires wie Uhren, Brillen und Schreibgeräte. Design-Beratungen und Großprojekte wie im Schiffsbau oder bei Immobilien zählen ebenso zum Portfolio. Das Unternehmen hat seit 1974 seinen Sitz in Zell am See – dort, wo beide Unternehmensgründer zusammen ihre Kindheit verbracht haben.

Das Verhältnis der beiden Brüder zueinander war sehr vertraut. Genauso eng stellt sich die Beziehung des Targa zum Ur-911 dar. „Mein Bruder hat damals wortwörtlich den Auftrag von unserem Vater bekommen: Du designst den Nachfolger des 356. Er soll außen gleich groß sein, aber innen mehr Platz haben“, erinnert er sich. Mit einer kleinen Mannschaft setzt F. A. P. den Auftrag seines Vaters Ferry um. In den Räumlichkeiten des Reutter Karosseriewerks in Zuffenhausen zeichnet er die bis heute einzigartige Silhouette des Ur-911. Später übernimmt Porsche das Karosseriewerk an der Schwieberdinger Straße. „Mein Bruder hat dann Anfang der 1960er-Jahre den Verkauf gefragt: Braucht's ihr auch ein Cabrio?“, so Hans-Peter Porsche. Die Kollegen verneinen, denn an den Gesamtverkaufszahlen des 356 C Coupé macht das Cabrio mit nur etwas über 3.000 Einheiten weniger als 20 Prozent aus. Zwischen 1948 und 1965 entstehen rund 78.000 Exemplare des 356. „Als dann einige Zeit später die Verkaufsabteilung doch nach einem Cabrio verlangte, war das schwierig. Alle Entwicklungstätigkeiten waren auf das Coupé fokussiert. Ein Cabrio wurde nicht designt und spielte in den Entwürfen auch keine Rolle“, gesteht Porsche. „Ein nachträglich gestaltetes Cabrioverdeck, fürchtete mein Bruder, würde wie beim VW Käfer oben aufliegen und nicht versenkbar sein.“ Da schlägt die Stunde von F.A. Porsche, dem Designer mit einem Sinn für das Außergewöhnliche. „Dann ist meinem Bruder der Targa eingefallen. Er hat also neben dem 911 Coupé auch einen 911 mit einem Sturzbügel entworfen“, berichtet Porsche stolz von der Erfindung seines Bruders. Vorbild ist wie so oft der Motorsport.

„Der Sturzbügel bietet dem Fahrer wie im Rennen Sicherheit, falls es zu einem Überschlag kommt. Das Schöne war dann noch die Kunststoffscheibe mit Reißverschluss zum Aufmachen. Außerdem konnte man das Dach zusammenlegen und vorn unter der Haube verstauen."

Doch die nächste Bewährungsprobe steht bevor: Das neue, erste Targa-Konzept muss den kritischen Blicken der Porsche-Großhändler standhalten. Das Urteil spricht für sich. „Die Großhändler in Deutschland haben dann gesagt, ‚das können wir nicht verkaufen'. Der Targa würde aussehen wie ein Einkaufskorb für eine Frau. Das sei unmöglich." Porsche geht zurück in die Versuchsabteilung und überlegt mit den enttäuschten Kollegen, wie es weitergeht. Dass das offene Fahrzeug nicht gebaut wird, kommt für Porsche und seine Mannschaft nicht in Frage.

Es scheint, dass sich die anfängliche Skepsis wie beim 901 nun auch beim Targa fortsetzt. „Schon 1963 haben wir den 901, den späteren 911, auf der IAA präsentiert. Der stand aber nur im Hintergrund auf der Messe. Es gab Kunden, die haben sich damals schriftlich bei meinem Vater beschwert, dass der 356 doch keinen Nachfolger braucht", beschreibt Hans-Peter Porsche die damalige Marktsituation. „Der 911 wird ein Flop, das hat man uns klar zu verstehen gegeben. Dass er das nicht geworden ist und der 911 zu einer Ikone im Sportwagenbau geworden ist, steht heute zweifelsohne fest." Auch beim Targa sollte die Überzeugung der Familienmitglieder und der Porsche-Mannschaft stärker sein als die Meinungen aus der Branche. Der Targa wird zwei Jahre später der erste offene Neunelf und beschert dem Sportwagenhersteller ab Anfang der 1970er-Jahre gute, stabile Stückzahlen. „Ich bin dann zu meinem Cousin Harald Wagner gegangen und habe ihn gefragt, wie viele Einheiten im Verkauf benötigt werden. Ich musste ja die Einrichtung für den Rohbau vorbereiten", so Porsche. „Als mir der Verkauf damals mitgeteilt hat, dass nur maximal fünf oder sechs Targa-Fahrzeuge pro Tag gebraucht werden, habe ich meine eigenen Schlüsse daraus gezogen. Ich war schließlich für die Produktion zuständig und hatte als einer der Söhne des Besitzers auch die Verantwortung, eine vorausschauende Herangehensweise zu verfolgen", gibt Porsche heute selbstbewusst zu.

Als Werkleiter plant Hans-Peter Porsche die Produktionslinie der ersten Targa-Fahrzeuge dann mit zwölf Einheiten pro Tag. Das waren mehr als doppelt so viele Fahrzeuge, als der Verkauf eigentlich angefordert hatte. „Zu den besten Zeiten haben wir dann 22 Fahrzeuge am Tag gefertigt. Ich stand von Anfang an hinter dem Konzept meines Bruders. Ich habe an den Targa geglaubt, wir alle waren davon überzeugt." Das Design-Credo seines Bruders F. A. Porsche hat bis heute Bestand. „Die Form und das Design müssen einen Sinn ergeben. Von der Designphilosophie meines Bruders war ich immer überzeugt. Gutes Design braucht keine Verzierungen oder Verschnörkelungen, es ist intuitiv. Bis heute ist der 911 von den Asiaten auch nie kopiert worden."

Nach der Weltpremiere des 911 Targa auf der IAA in Frankfurt 1965 beginnt die spannende Phase im Porsche-Werk in Stuttgart-Zuffenhausen. „Wir hatten auf der Messe eine gute Resonanz erhalten. Wenn du etwas Neues bringst, kannst du dir nie sicher sein, dass es gelingt. Aber wir waren die ersten, die mit dem Targa die Idee des Cabrios mit dem Thema Sicherheit zusammengebracht haben."

Vor Ort wird die Produktion des Targa in die Serienproduktion des 911 integriert, aber auf einer eigenen Fertigungslinie. „Ich hatte eine erfahrene Mannschaft an meiner Seite, mit deren Hilfe wir die Serienfertigung mit einigen Anlaufschwierigkeiten dann Ende 1966 starten konnten", beschreibt Porsche die damaligen Produktionsverhältnisse. „Das war ein Kraftakt, wir hatten anfangs Probleme mit Wassereintritt und auch mit Windgeräuschen", gibt der Enkel des Firmengründers zu. Auch die innerbetrieblichen Vereinbarungen, die ausgehandelt werden mussten, gehörten zu den Aufgaben des Werkleiters. „Das Reden ist nicht gerade meine große Stärke. Aber da musste ich einfach durch. Am Ende findet sich auch in schwierigen Situationen immer eine Lösung und man gibt sich die Hand." Vorbild bleibt auch in diesem Zusammenhang sein Vater Ferry Porsche. „Mein Vater hat ebenfalls nie mit Ellenbogen gearbeitet. Er ist immer auf sein Gegenüber eingegangen und war immer menschlich."

In den darauffolgenden Jahren meldet der Sportwagenhersteller das Gesamtkonzept, das Dachteil vorn und das Heckverdeck des 911 Targa zum Patent an. Heute sorgt die innovative Dach-Kinematik dafür, dass innerhalb von 19 Sekunden das Targa-Dach sich auf Knopfdruck öffnet und wieder schließt. „Das ist Porsche-like, nur wir verbauen diese Technologie als einziger Hersteller bis heute", betont der ehemalige Werkleiter Hans-Peter Porsche.

Das Foto aus dem Jahr 1967 zeigt die damalige erweiterte Porsche-Geschäftsführung mit Ferdinand Piëch, Ferdinand Alexander Porsche sowie Hans-Michel Piëch (von links nach rechts). Ab Anfang der 1960er-Jahre entstehen bei Porsche die ikonischen Sportwagenmodelle 911, der Rennwagen 904 Carrera GTS und der 911 Targa.

targa

„ICH WAR ÜBERZEUGT VON DEM GANZEN, VON MEINEM BRUDER UND AUCH VON DEM DESIGN, DAS ER SCHUF. ALLERDINGS HABEN WIR ANFANGS BEIM TARGA ZU HÖREN BEKOMMEN, WIE SCHON DAVOR BEIM 901, DEM SPÄTEREN 911: DAS WIRD NICHTS.“

Hans-Peter Porsche
Porsche-Werkleiter von 1964 bis 1972
und Enkel von Ferdinand Porsche

Fast 60 Jahre später erinnert sich Hans-Peter Porsche an seine persönliche Anfangszeit im Unternehmen seines Vaters zurück. Sie ist unmittelbar verbunden mit dem 911 Targa und der engen Zusammenarbeit mit seinem fünf Jahre älteren Bruder F. A. Porsche, der Design-Verantwortlicher und einer der Geschäftsführer war.

Wie am Kennzeichen (FAP-S 123) zu erkennen ist, stammt das blaue Targa-Modell (oben) ursprünglich von Designchef F. A. Porsche. Vor Jahren ist das Modell in einem aufwendigen Verfahren restauriert worden. Zum 60-jährigen Jubiläum des Targa im Jahr 2025 ist die historische Bilderserie mit Hans-Peter Porsche neu aufgenommen worden.

Firmenentscheider unter sich: Auf dem Werksgelände in Stuttgart-Zuffenhausen diskutieren 1967 vor einem 911 Targa Ferdinand Piech, Leiter der Entwicklungsabteilung, Firmenchef Ferry Porsche, Hans-Peter Porsche, bis 1972 Leiter Produktion, sowie dessen älterer Bruder und Designchef Ferdinand Alexander Porsche (von links nach rechts).

S GO 4504
S GO 107H

„DER ÜBERROLLBÜGEL,
DER STURZBÜGEL, IST EIN ECHTER SCHUTZ UND EINE INNOVATION. NUR WIR VERBAUEN BIS HEUTE DIESES DACH-KONZEPT. DIE IDEE UND DIE TECHNIK, DAS IST PORSCHE-LIKE."

Hans-Peter Porsche

VORGABE | ENTSTEHUNG

PORSCHE
S-PS 160

WIE FAHRZEUG UND NAME ZUEINANDER FINDEN
DER 911 TARGA ENTSTEHT

Etwas völlig Neues. Ein neues Auto, eine neue Idee: mit der Konzeption des 911 Targa gelingt dem Sportwagenhersteller Porsche Anfang der 1960er-Jahre eine Revolution im Cabriolet-Bau. Der Clou: Mit dem serienmäßigen Verbau des feststehenden Überrollbügels mit herausnehmbarem Faltdach und anfangs herunterklappbarer Kunststoff-Heckscheibe entsteht nicht nur das erste Sicherheitscabriolet der Welt – mit dem Targa wird das Konzept für offene Fahrzeuge neu durchdacht, der Überrollbügel wird zum Sicherheitsfaktor und als gestalterisches Stilelement im Sportwagenbau charakterisiert.

Die neue, eigene Fahrzeugkategorie erweitert die stabilisierende Funktion des Bügels bei selbsttragenden Karosserien um einen bei Unfällen wirksamen Überschlagschutz für die Insassen. Behilflich ist der neuen Fahrzeuggattung die erfolgserprobte Verbindung zum Motorsport: Die Inspiration für den „Sturzbügel" stammt aus dem Rennwagenbau, der die Passagiere bei einem Überschlag besser schützt und der Karosseriestruktur mehr Steifigkeit verleiht. Die namentliche Verbindung zu einem der spektakulärsten Langstreckenrennen der Welt unterstreichen den Targa-Anspruch von Sicherheit und Sportlichkeit.

Der Targa verbindet das Sicherheitsgefühl eines Coupés mit dem Frischluft- und Freiheitsgefühl eines Cabrios. Der breite Bügel aus gebürstetem Nirosta-Stahl mit dem Targa-Schriftzug verpasst dem erst zwei Jahre jungen 911 Urmodell optisch einen augenfälligen Look, der die Handschrift von Styling-Chef F.A. Porsche trägt: „Ich hatte die Idee. Der Überrollbügel hat eine wichtige Funktion, denn er verleiht der Karosserie Steifigkeit. Und darum sollte er sich auch in der Farbgebung vom Rest des Wagens abheben." Das Konstruktionsprinzip ist noch vor dem offiziellen Beginn aufkommender Debatten über die Verkehrssicherheit von offenen Fahrzeugen weit mehr: Porsche liefert mit dem Dachkonzept des Targa eine design-technische Innovation, erfindet eine neue Kategorie, um ein offenes Fahrzeug auf den Markt zu bringen und kommt so den wachsenden Sicherheitsbedürfnissen der Cabriolet-Kunden pragmatisch zuvor. Man könnte auch sagen, der Sportwagenhersteller bleibt sich treu – wie sich auch später beim 911 Turbo vom Typ 930 zeigt, den Porsche während der Ölkrise 1974, am Höhepunkt der damaligen Rezession, präsentieren wird. Im September 1965 feiert die zweite Karosserie-Variante des erst zwei Jahre zuvor vorgestellten 911 ebenfalls Weltpremiere auf der IAA in Frankfurt. Der 911 Targa ist der erste offene Serien-Sportwagen seit dem 356 C und bis zur Vorstellung des 911 Cabriolets im Jahr 1982 auch das einzige offene Serienfahrzeug aus Zuffenhausen. Die Produktion des 911 Targa startet im Dezember 1966, die Markteinführung folgt 1967. Doch bis dahin ist es noch ein langer Weg.

Rückblick: Der Porsche 356 „Nr. 1" Roadster ist ein „noch völlig von Hand geformter Roadster", ein Sportwagen mit Heckmotor, der ein ganz eigenes Lebensgefühl ausstrahlt und eine Kultur des offenen Fahrens verkörpert. Die Zeit nach 1948 ist eine Epoche des Aufbruchs, eine Zeit der Hoffnungen, in der die eigenen Träume wieder einen Platz im Leben finden. Es ist auch das Zeitalter des deutschen Wirtschaftswunders, in dem sich die Automobilproduktion als Exportschlager entpuppt und zum Jobmotor der gebeutelten deutschen Gesellschaft avanciert. Die Gründung der Bundesrepublik Deutschland in Bonn im Jahr 1949 und die Einführung der D-Mark haben eine neue freiheitliche, soziale Wirtschaftsordnung definiert, in der fortan nicht mehr der Staat, sondern Angebot und Nachfrage den Preis von Waren regulieren. Rasch entstehen neue Unternehmen, die den Menschen Arbeitsplätze und eine Perspektive bieten. Die Bundesrepublik mausert sich zum begehrten Industriestandort: Viele Produkte, die in Deutschland hergestellt werden, finden im Ausland ihren Absatz, das Qualitätssiegel „Made in Germany" wird zum Merkmal für hierzulande hergestellte Exportgüter. Der Außenhandel blüht auf und zieht Investoren aus dem Ausland an. Dazu beigetragen hat vor allem die rasant wachsende Fahrzeugbranche, die nicht nur Jobs schafft – es ist die gemeinschaftliche Begeisterung für das in den eigenen Fabriken hergestellte Automobil sowie dessen Ausdruck als Statussymbol, die die Bevölkerung eint und damit das Fundament für das Wirtschaftswunder erst legt. Den Traum vom eigenen Automobil wollte und konnte man sich nun leisten. Das Cabriolet wird dabei zur Luxusvariante, zum Sehnsuchtsobjekt auf Rädern. Die steigenden Einkommen und das Konsumbedürfnis haben innerhalb weniger Jahre die Anzahl an zugelassenen Kraftfahrzeugen rasant ansteigen lassen, 1962 sind rund zehn Millionen Fahrzeuge in Deutschland registriert. Doch die stetige Zunahme des Individualverkehrs in den 1960er-Jahren führt zu vielschichtigen Problemstellungen: Das Verkehrsnetz ist schlichtweg nicht auf die Masse an neuen Fahrzeugen ausgelegt. Öffentliche Verkehrsmittel werden mehrheitlich für den Berufs- und Pendlerverkehr genutzt, doch bei längeren Reisen wird das Automobil zum Fortbewegungsmittel der Wahl. Auch hat zwar die Pkw-Motorleistung beständig zugenommen, aber die für die Fahrzeugsicherheit nötige Ausstattung folgt nicht in gleicher Geschwindigkeit. So steigt die Zahl der Autounfälle, auch mit schwersten Verletzungen oder Todesfolge, und damit erhält das Thema Sicherheit im Straßenverkehr im öffentlichen Diskurs enorme Aufmerksamkeit – auch auf dem für Porsche so wichtigen Exportmarkt, vor allem in den USA.

In Deutschland starten die Verkehrserziehung an Schulen und verschiedene Initiativen, um die Sicherheit für alle Verkehrsteilnehmer zu erhöhen. Erst in den 1970er-Jahren, als die Zahl der Verkehrstoten ihren Höchststand erreicht und die Ölkrise tiefgreifende Maßnahmen erforderlich macht, folgen gesetzliche Änderungen, wodurch sich die Verkehrsunfallstatistik positiv entwickelt. Dazu zählen die Höchstgeschwindigkeit von 100 km/h auf Landstraßen sowie die Richtgeschwindigkeit von 130 km/h auf Autobahnen. Laut einer ADAC-Umfrage spricht sich damals aber eine deutliche Mehrheit der Bevölkerung gegen ein Tempolimit auf deutschen Autobahnen aus. Auch der Sicherheitsgurt hat eine lange Anlaufphase: 1974 müssen alle neuen Fahrzeuge über Sicherheitsgurte verfügen, die zwei Jahre später in eine Gurtpflicht mündet. Erst als 1984 das Fahren ohne Gurt mit einem Bußgeld von 40 D-Mark geahndet wird, setzt sich die Anschnallpflicht flächendeckend durch.

Anders in den USA: Verbraucheranwalt Ralph Nader versetzt gegen Ende des Jahres 1965 mit „Unsafe At Any Speed“ zuerst die US-Autoindustrie in Schockstarre. Das Buch deckt schonungslos Konstruktionsschwächen und Sicherheitslücken amerikanischer Fahrzeuge auf, der mangelhafte Insassenschutz bei sich überschlagenden Cabriolets ist Kritik ausgesetzt. Nach Kongress-Anhörungen bringt die Publikation eine Reihe von Gesetzen auf den Weg, die nachhaltig die Sicherheit von Kraftfahrzeugen verbessern. Die Themen der Fahrzeugsicherheit und der Produkthaftung rücken in den Fokus, die Auswirkungen sind in der gesamten Automobilindustrie spürbar. Der amerikanische Staat schaut bei der Neuzulassung von Fahrzeugen ab sofort genauer hin und ruft dazu die Umweltbehörde EPA

Wie alles begann: Im Herbst 1962 lässt Firmenchef Ferry Porsche drei Studien für ein 901 Cabriolet bei der Firma Karmann in Auftrag geben. Die Voraussetzung: Weil sich der Zeitplan für die Serienfertigung des 901 Coupé mehrfach verzögert und auch um Kosten zu sparen, sollen möglichst viele Gleichteile für das Cabriolet-Modell verwendet werden. Das Rennen wird die Lösung mit dem „starren Rollbügel“ machen, eine der ersten Konstruktionszeichnungen stammt vom 2. Juli 1963. Der Modellname Targa findet sich erst rund zwei Jahre später.

(Environmental Protection Agency) ab dem 2. Dezember 1970 ins Leben. Durch immer neue gesetzliche Vorschriften entsteht neue automobile Technik wie Airbags, ABS und ESP, die weltweit zum Einsatz kommt und dem aufkommenden Bedürfnis nach Verkehrssicherheit Rechnung trägt. Als weitere Folge werden von 1976 bis 1982 in den Vereinigten Staaten keine Cabriolets produziert. Auch Porsche schaut immer genau hin und erfüllt 1967 als erster europäischer Hersteller die verschärften US-Abgasentgiftungsvorschriften. Pünktlich mit dem Modelljahr 1983 präsentiert Porsche dann das erste 911 Cabriolet und ergänzt seine Produktpalette um einen weiteren offenen Sportwagen mit breiten Faltenbälgen an den Stoßfängern. Diese müssen in einer bestimmten Höhe angebracht werden und dürfen sich bei einem Front- oder Heckaufprall bis 7 km/h (5 mph) nicht verformen. Während andere Hersteller eigene Konstruktionen mit voluminösen Stoßstangen herstellen, entwickelt Porsche den eleganten Kompromiss in Form der Faltenbalgstoßstangen. Die optisch gelungene Karosserieform wird bis zur Ablösung durch den Typ 964 bis Ende 1989 beibehalten.

Mit dem Claim „Performance trifft auf Ästhetik“ positioniert Porsche seinen Markenkern schon früh in der öffentlichen Wahrnehmung und verbindet das mit dem Slogan „Sicherheit mal Zuverlässigkeit“.

Projekt „Offener Wagen 901“. Alle Generationen des Porsche 356 haben unter anderem zwei Dinge gemeinsam: Sie alle sind mittels des flexiblen Fertigungsprinzips auf einer gemeinsamen Linie in Stuttgart-Zuffenhausen gefertigt worden und jeweils auch in einer offenen Version als Cabriolet, Speedster oder Roadster erhältlich. Anfang der 1960er-Jahre, als 356-C-Modelle, erzielen die offenen Varianten weniger als 20 Prozent am Gesamtumsatz, doch in dieser Zeit sind die Entwicklungstätigkeiten für ein Nachfolgemodell des 356 bereits in vollem Gange. Zunächst entsteht der Entwurf des Typs 530, der größere Abmessungen sowie einen verlängerten Radstand als der 356 aufweist und ein leicht angehobenes Dach im Fond besitzt. 1959 unternimmt F. A. Porsche nach dem Auftrag seines Vaters Ferry einen neuen Versuch und gestaltet zunächst den Typ 695 (T7). In dessen Grundzügen mit charakteristischer Frontpartie bis zur A-Säule und Fließheck ist sein baldiger Nachfolger bereits erkennbar: der Porsche 911. Doch um noch mehr Raum und Komfort für die Insassen eines neuen Porsche-Sportwagen bieten zu können, gehen die Versuche weiter. So entstehen parallel die Typen T8 als 2+2-Sitzer und der T9 als vollwertiger Viersitzer.

Im Herbst 1961 ist es dann so weit: Firmenchef Ferry Porsche persönlich gibt die Weiterentwicklung des T8 frei, die Geburtsstunde des 911. Die Entwicklung eines Fließheck-Coupés startet zunächst als reiner 2-Sitzer mit Heckklappe, die als kompaktere Version und „neuer T8-Wagen“ auf dem Chassis des 356 B (intern Typ 644 T6) basiert. Die Konstruktion soll „auf dem jetzigen T6-Fahrgestell“ übernommen werden, ebenso Getriebe und Heckmotor. Als Zieltermin für die Serienfertigung wird „im Juli 1963“ festgeschrieben, ebenso soll die günstigere Preisgestaltung „durch rationellere Fertigung (Werkzeuge)“ erfolgen und so eine möglichst wirtschaftliche Herstellung garantieren. Aus der Besprechung zwischen den Firmen Reutter und Porsche vom 20. Oktober 1961 soll berücksichtigt werden, „dass das Fahrzeug auch als offener Wagentyp gebaut werden kann“. Wie aus der Typen-Beschreibung des künftigen T8-Modells vom 10. November 1961 hervorgeht, ist der „Einbau eines Schiebedachs nicht vorzusehen. Hingegen muss parallel zu dem Coupé ein Cabriolet entwickelt werden. Die Karosserieform für den neuen Typ wird von der Styling-Abteilung, Herrn Porsche jr., entwickelt und sämtliche Unterlagen werden der Fa. Reutter zur Verfügung gestellt.“ Damit geht der Designauftrag an das noch junge Studio unter der Leitung von F. A. Porsche, die Verantwortung für die Konstruktion der T8-Karosserie übernimmt Reutter und die Firma Karmann unterstützt bei der Herstellung der benötigten Werkzeuge. Doch schon im Januar 1962 wird von dem ursprünglichen Plan, den T8 auf Basis des 356 zu bauen, abgewichen.

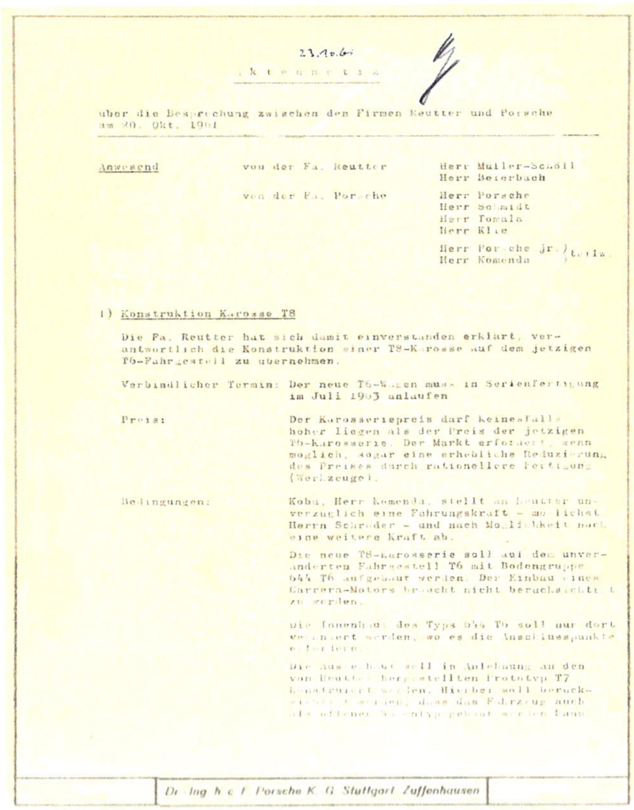

23.10.61

Aktennotiz

uber die Besprechung zwischen den Firmen Reutter und Porsche am 20. Okt. 1961

Anwesend	von der Fa. Reutter	Herr Muller-Scholl Herr Beierbach
	von der Fa. Porsche	Herr Porsche Herr Schmidt Herr Tomala Herr Klie Herr Porsche jr. } teilw. Herr Komenda }

1) Konstruktion Karosse T8

Die Fa. Reutter hat sich damit einverstanden erklart, verantwortlich die Konstruktion einer T8-Karosse auf dem jetzigen T6-Fahrgestell zu ubernehmen.

Verbindlicher Termin:	Der neue T8-Wagen muss in Serienfertigung im Juli 1963 anlaufen
Preis:	Der Karosseriepreis darf keinesfalls hoher liegen als der Preis der jetzigen T6-Karosserie. Der Markt erfordert, wenn moglich, sogar eine erhebliche Reduzierung des Preises durch rationellere Fertigung (Werkzeuge).
Bedingungen:	Kobu, Herr Komenda, stellt an Reutter unverzuglich eine Fuhrungskraft – moglichst Herrn Schroder – und nach Moglichkeit noch eine weitere Kraft ab. Die neue T8-Karosserie soll auf dem unveranderten Fahrgestell T6 mit Bodengruppe 644 T6 aufgebaut werden. Der Einbau eines Carrera-Motors braucht nicht berucksichtigt zu werden. Die Innenhaut des Typs 644 T6 soll nur dort verandert werden, wo es die Anschlusspunkte erfordern. Die Aussenhaut soll in Anlehnung an den von Reutter hergestellten Prototyp T7 konstruiert werden. Hierbei soll berucksichtigt werden, dass das Fahrzeug auch als offener [illegible]typ gebaut werden kann.

Dr.-Ing. h. c. F. Porsche K.-G. Stuttgart-Zuffenhausen

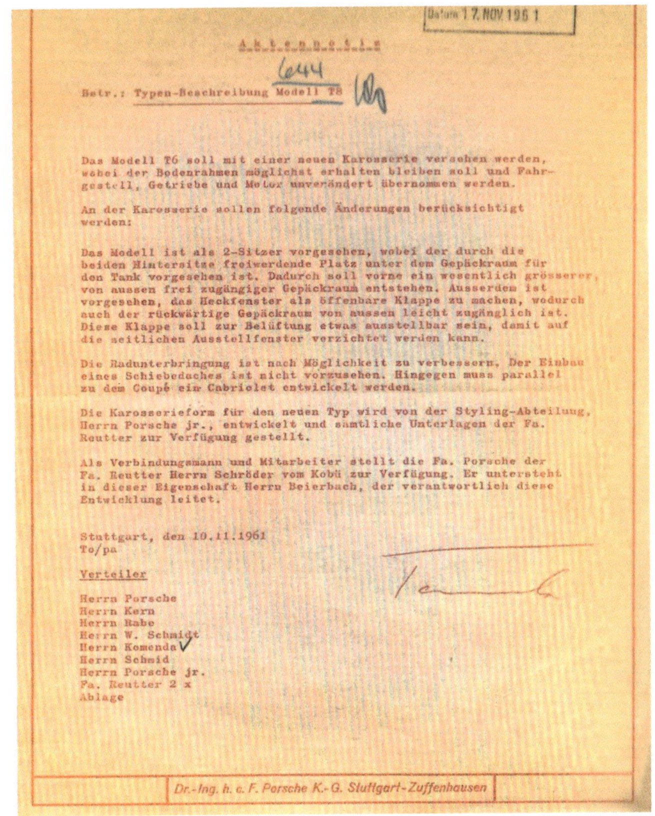

Datum 17. NOV 1961

Aktennotiz

644

Betr.: Typen-Beschreibung Modell T8

Das Modell T6 soll mit einer neuen Karosserie versehen werden, wobei der Bodenrahmen möglichst erhalten bleiben soll und Fahrgestell, Getriebe und Motor unverändert übernommen werden.

An der Karosserie sollen folgende Änderungen berücksichtigt werden:

Das Modell ist als 2-Sitzer vorgesehen, wobei der durch die beiden Hintersitze freiwerdende Platz unter dem Gepäckraum für den Tank vorgesehen ist. Dadurch soll vorne ein wesentlich grösserer, von aussen frei zugängiger Gepäckraum entstehen. Ausserdem ist vorgesehen, das Heckfenster als öffenbare Klappe zu machen, wodurch auch der rückwärtige Gepäckraum von aussen leicht zugänglich ist. Diese Klappe soll zur Belüftung etwas ausstellbar sein, damit auf die seitlichen Ausstellfenster verzichtet werden kann.

Die Radunterbringung ist nach Möglichkeit zu verbessern. Der Einbau eines Schiebedaches ist nicht vorzusehen. Hingegen muss parallel zu dem Coupé ein Cabriolet entwickelt werden.

Die Karosserieform für den neuen Typ wird von der Styling-Abteilung, Herrn Porsche jr., entwickelt und sämtliche Unterlagen der Fa. Reutter zur Verfügung gestellt.

Als Verbindungsmann und Mitarbeiter stellt die Fa. Porsche der Fa. Reutter Herrn Schröder vom Kobü zur Verfügung. Er untersteht in dieser Eigenschaft Herrn Beierbach, der verantwortlich diese Entwicklung leitet.

Stuttgart, den 10.11.1961
To/pa

Verteiler

Herrn Porsche
Herrn Kern
Herrn Rabe
Herrn W. Schmidt
Herrn Komenda
Herrn Schmid
Herrn Porsche jr.
Fa. Reutter 2 x
Ablage

Dr.-Ing. h. c. F. Porsche K.-G. Stuttgart-Zuffenhausen

Ab Herbst 1961 wird an dem Technischen Programm T8 gearbeitet: Die Konstruktion soll neben einem Coupé auch ein offenes Nachfolgemodell des 356 (T6) beinhalten, die Styling-Abteilung unter der Leitung von F. A. Porsche erhält den Designauftrag.

Eine vorangegangene Stellungnahme des damaligen Porsche-Verkaufsleiters Wolfgang Raether zeigt Wirkung: Er bemängelt den angekündigten Anlaufverzug des geräumigeren T9-Modells auf Januar 1965, wodurch in der Verkaufsplanung eine große Lücke für ein Modell mit Komfortausstattung entstehen würde. Um diesem Risiko zu entgehen und den Anlauf im Juni 1963 halten zu können, wird der Fokus der Entwicklungsaktivitäten auf das T8-Modell gelegt, das dafür aber mehr Komfort und Platz bieten muss. Von dieser Entscheidung erhofft sich der Sportwagenhersteller eine entscheidende Synthese: Wird der T8 in dieser neuen Variante produziert, kann er zwischen dem kompakteren 356 sowie dem größeren T9 positioniert werden. Bei Format und Technik könnte der T8 näher an den T9 heranrücken und auch die Importeure würden eine höhere Preisgestaltung als beim 356 (T6) mittragen.

Darüber hinaus können durch den Fokus auf den T8 die Produktionskapazitäten bei Reutter und Karmann mit dem 356-Vorgängermodell erhalten bleiben. Durch die Verlängerung der Karosserie um zehn Zentimeter soll der Innenraum für Passagiere vergrößert werden. Die Untersuchung einer neuen Vorderachse soll dazu dienen, dem vorderen Kofferraum mehr Volumen zu verschaffen. Dies gelingt durch die Wahl platzsparender Radaufhängungen nach dem McPherson-Prinzip, die Hinterräder führt eine Schräglenkerachse. Schließlich entscheidet man sich auch für die 2+2-Sitzanordung sowie für den luftgekühlten Sechszylinder-Boxermotor, der unter der Leitung des Neffen von Ferry Porsche, Ferdinand Piëch, entsteht. Der Motor verfügt über ein Axialgebläse und aufgrund der höheren Drehzahlreserven sowie einer verbesserten Laufruhe auch über eine obenliegende Nockenwelle pro Seite. Der Nockenwellenantrieb erfolgt dabei über Ketten, nachdem Königswellen oder Zahnriemen nicht infrage gekommen sind. Als Hubraum sind zunächst 2,0 Liter definiert, eine mögliche Erhöhung auf bis zu 2,7 Liter ist von vornherein eingeplant. Dieser Motortyp wird in seiner Grundform bis 1998 weitergeführt und letztendlich auf

3,8 Liter Hubraum angehoben. Durch die technischen Weiterentwicklungen kann der neue Sportwagen nicht mehr auf der Plattform 644 (356) weiterentwickelt werden, daher legt die technische Geschäftsleitung per 13. März 1962 fest, dass „die Porschewagen der T8 Serie die Typen-Nr. 901“ erhalten.

Im Herbst 1962 lässt Eigentümer Ferry Porsche drei Studien für ein 901 Cabriolet ausarbeiten: ein Normal-Cabriolet, eine Roadster-Ausführung und ein Modell mit Schutzbügel.

Der Auftrag geht an den Osnabrücker Karosseriebauer und Auftragsentwickler Karmann, dazu hat am 25. und 26. September 1962 „im Beisein der Herren Tomala, Porsche jun. [gemeint: F. A. Porsche], Schröder und von der Firma Reutter die Herren Beierbach und Bauer“ eine Diskussion über die verschiedenen Cabrio-Ausführungsmöglichkeiten stattgefunden.

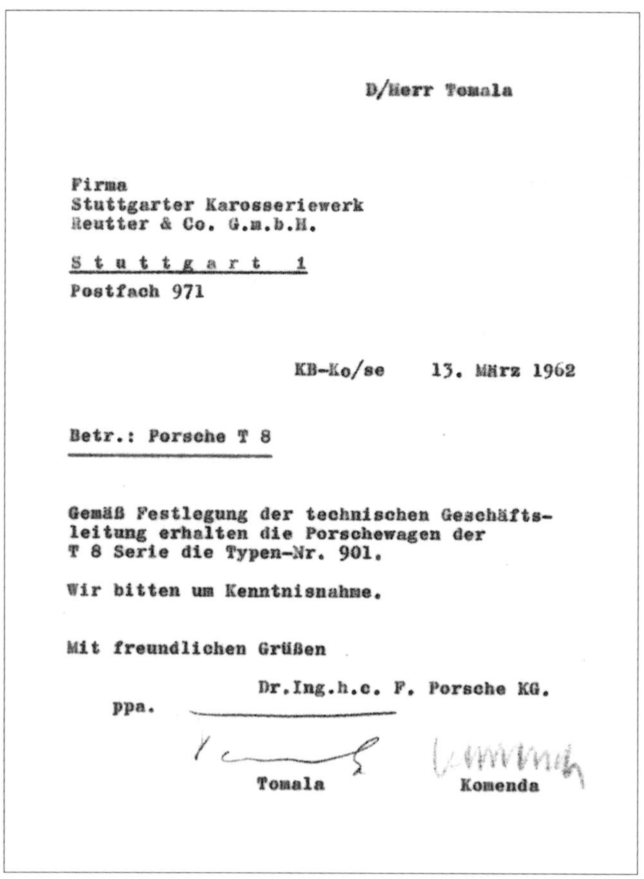

D/Herr Tomala

Firma
Stuttgarter Karosseriewerk
Reutter & Co. G.m.b.H.

Stuttgart 1
Postfach 971

KB-Ko/se 13. März 1962

Betr.: Porsche T 8

Gemäß Festlegung der technischen Geschäftsleitung erhalten die Porschewagen der T 8 Serie die Typen-Nr. 901.

Wir bitten um Kenntnisnahme.

Mit freundlichen Grüßen

Dr.Ing.h.c. F. Porsche KG.
ppa.

Tomala Komenda

Aufgrund seiner technischen Weiterentwicklung von der Plattform des Typs 644 T6 (356 B) erhält die T8-Serie am 11. März 1962 eine eigene Typennummer: Der 901 entsteht.

Angefragt werden: „Seitens unseres Herrn Porsche geht der Wunsch dahin, das Cabriolet in drei Varianten zu untersuchen, und zwar

a) ein Normal-Cabriolet mit Vollscherendach, Bezug wattiert, Heckscheibe aus Polyglas, gegebenenfalls mit Reißverschluß lösbar. Das gesamte Verdeck nach dem Umlegen weitmöglichst versenkt.

b) Umlegbare Ausführung mit unvollständigem Spriegelwerk, jedoch gebunden durch eine Verdeckschere umlegbar, total versenkt (nach dem Abkippen evtl. durch knöpfbare Verkleidungen zu verdecken). Der Verdeckbezug würde hierbei völlig abgenommen. Diese Ausführung würde etwa dem Roadster des Triumph TR4 Cabriolet entsprechen und wäre eigentlich eine Roadster-Ausführung.

c) Der Hauptspriegel des Verdecks würde als Schutzbügel (Roll Bar) fest bleiben oder umlegbar sein, evtl. lackiert, wogegen der Heckteil und das Vordach des Verdecks abnehmbar wäre.“

Von der Styling-Abteilung liegt bereits ein Cabriolet-Modell im Maßstab 1:7,5 vor, das allerdings „hinsichtlich der Größe nicht verbindlich ist“. Das Karosseriewerk in Osnabrück erhält dieses Modell.

Das Konzept **c)** wird schließlich weiterverfolgt, aus ihm wird der spätere 911 Targa. Diplom-Ingenieur Hans Tomala ist von 1961 bis 1966 Chefkonstrukteur und technischer Leiter bei Porsche. Gerhard Schröder arbeitet als Konstrukteur in der Karosserieentwicklung und ist von 1955 bis 1984 bei Porsche beschäftigt.

Beide Kollegen werden später mit Werner Trenkler als Erfinder des Targa-Heckverdecks in der Patentschrift vom 11. August 1965 eingetragen. Mit Porsche jun. ist F. A. Porsche gemeint, der von 1957 bis 1972 im Unternehmen und ab 1962 als Leiter Studio tätig ist – er wird kurz darauf den charakteristischen Targa-Überrollbügel gestalten.

Du/H.Tomala

Firma
Wilhelm Karmann G.m.b.H.
zu Hd. Herrn Dir. Krämer

Osnabrück
Postfach 1613

K$_o$/Gt. 9.1o.1962

Typ 901 - Cabriolet

Sehr geehrter Herr Dir. Krämer!

Wir bestätigen den Besuhh Ihres sehr geehrten Herrn Peichel in unserem Hause am 25. u. 26.9.62, welcher zur Aussprache über das beabsichtigte Cabriolet Typ 901 erfolgte.
Über die verschiedenen Ausführungsmöglichkeiten wurde im Beisein der Herren Tomala, Porsche jr., Schröder und von der Firma Reutter die Herren Beierbach und Bauer diskutiert.

Sie erhielten zur Unterstützung:

1 Modell 1:7,5, mit Lieferschein Nr. 870 255

3 Pausen im Maßstab 1:10, mit Lieferschein Nr. 87o 257

Seitens unseres Herrn Porsche geht der Wunsch dahin, das Cabriolet in drei Varianten zu untersuchen, und zwar

a) ein Normal-Cabriolet mit Vollscherendach, Bezug wattiert, Heckscheibe aus Polyglas, gegebenenfalls mit Reißverschluß lösbar. Das gesamte Verdeck nach dem Umlegen weitmöglichst versenkt.

b) Umlegbare Ausführung mit unvollständigem Spriegelwerk, jedoch gebunden durch eine Verdeckschere umlegbar, total versenkt (nach dem Abkippen evtl. durch knöpfbare Verkleidungen zu verdecken). Der Verdeckbezug würde hierbei völlig abgenommen.

Diese Ausführung würde etwa dem Roadster des Triumph TR 4 - Cabriolet entsprechen und wäre eigentlich eine Roadster-Ausführung.

c) Der Hauptspriegel des Verdecks würde als Schutzbügel (Roll Bar) fest bleiben oder umlegbar sein, evtl. lackiert, wogegen der Heckteil und das Vordach des Verdecks abnehmbar wäre.

-2-

2

9.1o.62 Firma Wilhelm Karmann, Osnabrück

Die Verstauung der losen Teile nach Ausführung a) und b) müßte im Bug-Gepäckraum erfolgen.

Das Cabriolet-Modell im Maßstab 1:7,5 ist hinsichtlich seiner Größe nicht verbindlich und kann nach den Erfordernissen der konstruktiven Untersuchungen variiert werden. Es gibt lediglich ein Bild über die Vorstellung unserer Stiling-Abteilung für ein geplantes Cabriolet.
Die Zeichnungen der Limousine im Maßstab 1:10 können Ihnen im gewissen Umfang die Raumverhältnisse angeben, für genauere Untersuchungen bitten wir Sie die bei Ihnen befindlichen 1:1 Pläne und Zeichnungen der Karosserie Typ 901 heranzuziehen.

Wie mit Ihrem sehr geehrten Herrn Peichel besprochen sollen weitmöglichst die für das Coupe vorgesehenen Pressteile, möglichst unverändert, übernommen werden. Dies trifft insbesondere zu für alle Bugteile und Seitenwandteile bis zur hinteren Türfuge. Die Hinterkotflügel und die Heckabdeckung müssen dem Cabriolet-Charakter gemäß gewandelt werden, wogegen die Heckabschlußteile (Pufferstangen usw.) wahrscheinlich beibehalten werden können.
Die Größe der Windschutzscheibe soll coupegleich bleiben, die beim Cabriolet rahmenlos werdenden Kurbelfenster in den Türen unterliegen mutmaßlich Ihrer Abstimmung für das Cabriolet.

Wir bitten Sie, für die Auslegung der Innenräume bezüglich der Unterbringung der Verdeckscherenteile und der übrigen zu verstauenden Teile darauf Rücksicht zu nehmen, dass die Vordersitze insgesamt und auch in ihrer Verstellmöglichkeit unverändert bleiben.

Wir bitten Sie ferner um Mitteilung, in welcher Form unsere Anfrage bezüglich der Ausarbeitung der Cabriolet-Entwürfe und evtl. eines Cabriolet-Musters (nach Zwischenrücksprachen) an Sie bezüglich einer Auftragserteilung hierzu richten können und grüssen Sie

mit vorzüglicher Hochachtung
Dr. Ing.h.c.F. Porsche K.-G.
ppa.

Tomala Komenda

Das 901-Cabriolet: Am 9. Oktober 1962 werden im Namen von Ferry Porsche bei Karmann in Osnabrück drei Cabriolet-Studien in Auftrag gegeben, die möglichst viele Gleichteile des Coupé-Modells enthalten sollen.

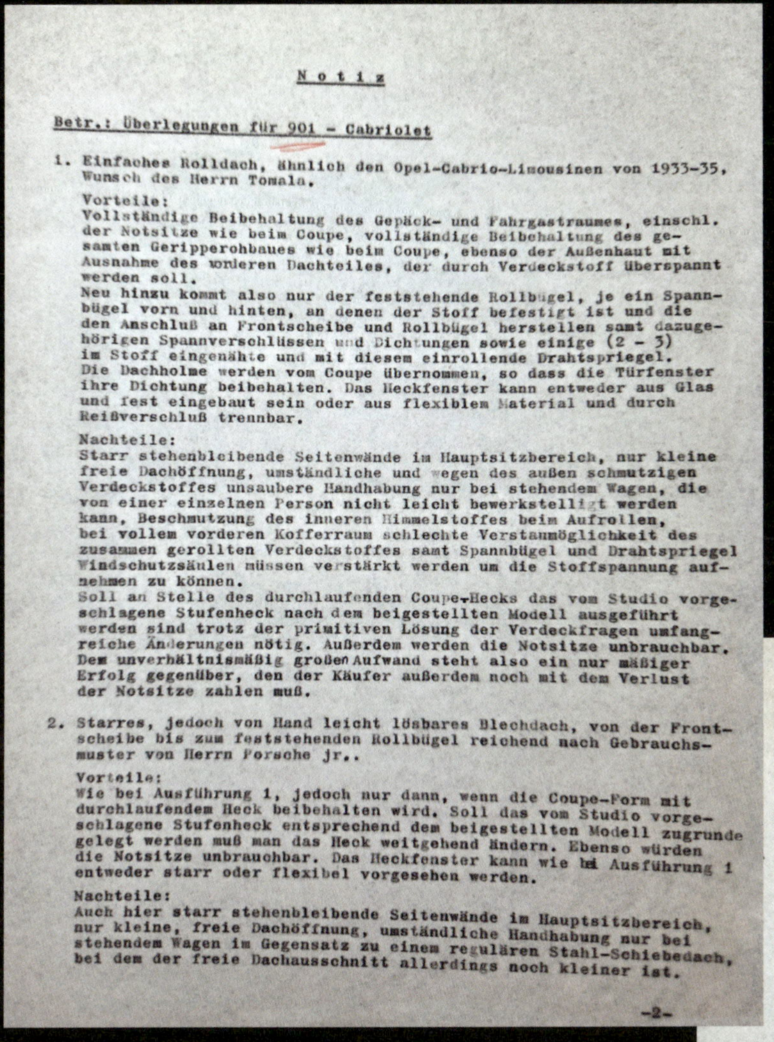

N o t i z

Betr.: Überlegungen für 901 - Cabriolet

1. Einfaches Rolldach, ähnlich den Opel-Cabrio-Limousinen von 1933-35, Wunsch des Herrn Tomala.

Vorteile:
Vollständige Beibehaltung des Gepäck- und Fahrgastraumes, einschl. der Notsitze wie beim Coupe, vollständige Beibehaltung des gesamten Gripperohbaues wie beim Coupe, ebenso der Außenhaut mit Ausnahme des vorderen Dachteiles, der durch Verdeckstoff überspannt werden soll.
Neu hinzu kommt also nur der feststehende Rollbügel, je ein Spannbügel vorn und hinten, an denen der Stoff befestigt ist und die den Anschluß an Frontscheibe und Rollbügel herstellen samt dazugehörigen Spannverschlüssen und Dichtungen sowie einige (2 - 3) im Stoff eingenähte und mit diesem einrollende Drahtspriegel.
Die Dachholme werden vom Coupe übernommen, so dass die Türfenster ihre Dichtung beibehalten. Das Heckfenster kann entweder aus Glas und fest eingebaut sein oder aus flexiblem Material und durch Reißverschluß trennbar.

Nachteile:
Starr stehenbleibende Seitenwände im Hauptsitzbereich, nur kleine freie Dachöffnung, umständliche und wegen des außen schmutzigen Verdeckstoffes unsaubere Handhabung nur bei stehendem Wagen, die von einer einzelnen Person nicht leicht bewerkstelligt werden kann, Beschmutzung des inneren Himmelstoffes beim Aufrollen, bei vollem vorderen Kofferraum schlechte Verstaumöglichkeit des zusammen gerollten Verdeckstoffes samt Spannbügel und Drahtspriegel Windschutzsäulen müssen verstärkt werden um die Stoffspannung aufnehmen zu können.
Soll an Stelle des durchlaufenden Coupe-Hecks das vom Studio vorgeschlagene Stufenheck nach dem beigestellten Modell ausgeführt werden sind trotz der primitiven Lösung der Verdeckfragen umfangreiche Änderungen nötig. Außerdem werden die Notsitze unbrauchbar. Dem unverhältnismäßig großen Aufwand steht also ein nur mäßiger Erfolg gegenüber, den der Käufer außerdem noch mit dem Verlust der Notsitze zahlen muß.

2. Starres, jedoch von Hand leicht lösbares Blechdach, von der Frontscheibe bis zum feststehenden Rollbügel reichend nach Gebrauchsmuster von Herrn Porsche jr..

Vorteile:
Wie bei Ausführung 1, jedoch nur dann, wenn die Coupe-Form mit durchlaufendem Heck beibehalten wird. Soll das vom Studio vorgeschlagene Stufenheck entsprechend dem beigestellten Modell zugrunde gelegt werden muß man das Heck weitgehend ändern. Ebenso würden die Notsitze unbrauchbar. Das Heckfenster kann wie bei Ausführung 1 entweder starr oder flexibel vorgesehen werden.

Nachteile:
Auch hier starr stehenbleibende Seitenwände im Hauptsitzbereich, nur kleine, freie Dachöffnung, umständliche Handhabung nur bei stehendem Wagen im Gegensatz zu einem regulären Stahl-Schiebedach, bei dem der freie Dachausschnitt allerdings noch kleiner ist.

-2-

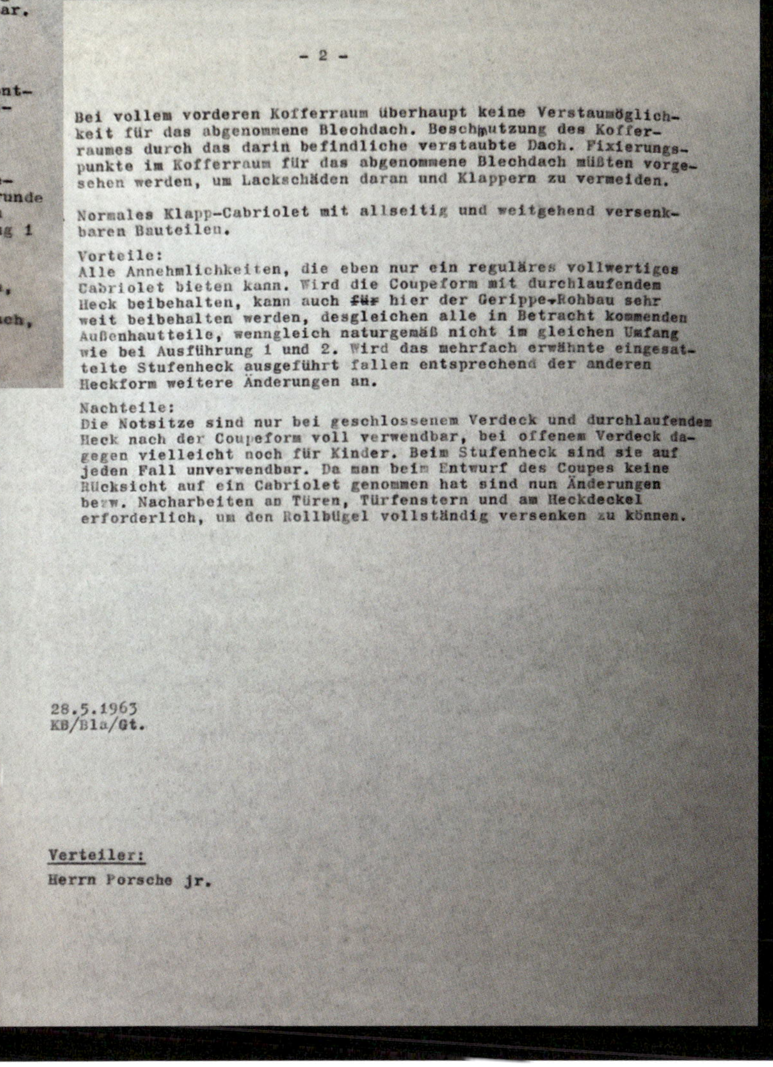

- 2 -

Bei vollem vorderen Kofferraum überhaupt keine Verstaumöglichkeit für das abgenommene Blechdach. Beschmutzung des Kofferraumes durch das darin befindliche verstaubte Dach. Fixierungspunkte im Kofferraum für das abgenommene Blechdach müßten vorgesehen werden, um Lackschäden daran und Klappern zu vermeiden.

Normales Klapp-Cabriolet mit allseitig und weitgehend versenkbaren Bauteilen.

Vorteile:
Alle Annehmlichkeiten, die eben nur ein reguläres vollwertiges Cabriolet bieten kann. Wird die Coupeform mit durchlaufendem Heck beibehalten, kann auch ~~für~~ hier der Gerippe-Rohbau sehr weit beibehalten werden, desgleichen alle in Betracht kommenden Außenhautteile, wenngleich naturgemäß nicht im gleichen Umfang wie bei Ausführung 1 und 2. Wird das mehrfach erwähnte eingesattelte Stufenheck ausgeführt fallen entsprechend der anderen Heckform weitere Änderungen an.

Nachteile:
Die Notsitze sind nur bei geschlossenem Verdeck und durchlaufendem Heck nach der Coupeform voll verwendbar, bei offenem Verdeck dagegen vielleicht noch für Kinder. Beim Stufenheck sind sie auf jeden Fall unverwendbar. Da man beim Entwurf des Coupes keine Rücksicht auf ein Cabriolet genommen hat sind nun Änderungen bezw. Nacharbeiten an Türen, Türfenstern und am Heckdeckel erforderlich, um den Rollbügel vollständig versenken zu können.

28.5.1963
KB/Bla/Gt.

Verteiler:
Herrn Porsche jr.

Empfänger ist Designchef F. A. Porsche: Konstrukteur Fritz Blaschka schildert im Mai 1963 die Vor- und Nachteile der drei möglichen Cabriolet-Konzepte aus seiner Perspektive.

„ICH HATTE DIE IDEE.
DER ÜBERROLLBÜGEL HAT EINE WICHTIGE FUNKTION, DENN ER VERLEIHT DER KAROSSERIE STEIFIGKEIT. DARUM SOLLTE ER SICH AUCH IN DER FARBGEBUNG VOM REST DES WAGENS ABHEBEN."

Ferdinand Alexander Porsche
Leiter der Porsche-Designabteilung von 1962–1972

Designchef F. A. Porsche stellt Ende 1963 die möglichen 901 Cabriolet-Varianten vor: ein Vormodell des Targa mit abgesatteltem Heck (links) und der spätere Targa mit einem Hauptspriegel des Verdecks als Schutzbügel (Roll Bar) mit abnehmbarem Heckteil und Vordach des Verdecks (Mitte). Daneben steht ein Coupé (rechts).

Doch es kommt zunächst anders, die Cabriolet-Aktivitäten werden im Dezember 1962 wieder auf Eis gelegt. Die Entwicklungsaktivitäten zum 901 Coupé erfordern alle Unternehmenskapazitäten, immer wieder müssen Anlauf- und Zeitpläne angepasst werden. „Aus Termingründen“ storniert Hans Kern als kaufmännischer Leiter schließlich den Auftrag über die Cabriolet-Studien bei Karmann. Gelegen kommt dem Sportwagenhersteller, dass die beauftragten Studienarbeiten wohl noch nicht gestartet wurden. In einem Antwortschreiben aus Osnabrück wird auf die benötigten und noch nicht eingetroffenen Konstruktionsunterlagen verwiesen. Aus dem Schriftwechsel geht schon damals hervor, wie entscheidend die Verbindung von Dachkonzept und Karosserie für eine offene Sportwagenkonstruktion ist: „Eine der wesentlichsten Grundlagen für eine Verdeckkonstruktion bildet bekanntlich die Bodengruppe mit ihren Radeinbauten, worüber wir bis zur Stunde noch keine definierten Unterlagen in Händen haben.“ Anfang 1963 kommt es bei der Fertigstellung der 901-Prototypen zu weiteren Verzögerungen, während die gesetzte Weltpremiere auf der IAA im Herbst näher rückt. Porsche ist nicht nur mit der eigenen Sportwagenproduktion und Entwicklung des 356-Nachfolgers beschäftigt, sondern nimmt auch eine Reihe von Fremdaufträgen an, die für zusätzlichen Druck innerhalb der Mannschaft aus 95 Konstrukteuren und Zeichnern sorgen. Die Arbeitsbelastung im Konstruktionsbüro wird auch durch häufige Änderungen an den Modellen und speziell beim 901 immer größer. Hinzu kommt die zögerliche Haltung des Karosserielieferanten Reutter, notwendige Investitionen für das neue 901-Modell vorzunehmen, da Reutter auch das Risiko getragen hätte. Um die Sportwagenproduktion und den Standort Zuffenhausen zu sichern, macht Porsche den entscheidenden Schritt selbst und übernimmt am 1. Dezember 1963 für 13 Millionen Mark das Karosseriewerk Reutter & Co. mit seinen ca. 1.000 Mitarbeitern. So können die Produktionsstätten der Porsche-Sportwagen ausgebaut werden und auch die externen Entwicklungsaufträge weiterlaufen. Reutter hat von 1950 bis 1963 über 60.000 Coupé- und Cabrio-Karosserien des 356 für Porsche produziert und immer wieder auch Einzelstücke oder Prototypen für Porsche auf Basis des 356 hergestellt. Auf der IAA in Frankfurt stellt Porsche im September 1963 unter der internen Entwicklungsnummer 901 das sogenannte Ur-Modell vor, das am 22. Oktober 1964 aufgrund markenrechtlicher Einsprüche des Herstellers Peugeot in 911 umbenannt wird – pragmatisch entschieden von Firmenchef Ferry Porsche persönlich. Ein vermeintlicher Makel zu Beginn, der dem Siegeszug der Sportwagenikone aber zu keiner Zeit anhaftet. Einen Monat zuvor startet die Serienproduktion des nun 911 Sportwagens in Zuffenhausen.

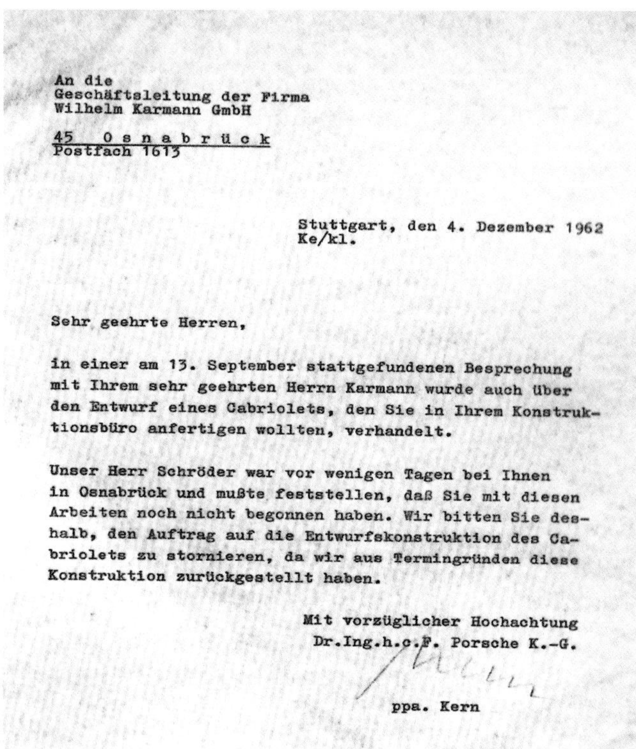

An die
Geschäftsleitung der Firma
Wilhelm Karmann GmbH

45 O s n a b r ü c k
Postfach 1613

Stuttgart, den 4. Dezember 1962
Ke/kl.

Sehr geehrte Herren,

in einer am 13. September stattgefundenen Besprechung mit Ihrem sehr geehrten Herrn Karmann wurde auch über den Entwurf eines Cabriolets, den Sie in Ihrem Konstruktionsbüro anfertigen wollten, verhandelt.

Unser Herr Schröder war vor wenigen Tagen bei Ihnen in Osnabrück und mußte feststellen, daß Sie mit diesen Arbeiten noch nicht begonnen haben. Wir bitten Sie deshalb, den Auftrag auf die Entwurfskonstruktion des Cabriolets zu stornieren, da wir aus Termingründen diese Konstruktion zurückgestellt haben.

Mit vorzüglicher Hochachtung
Dr.Ing.h.c.F. Porsche K.-G.

ppa. Kern

Erstmal heißt es, Kommando zurück: Hans Kern storniert am 4. Dezember 1962 die in Auftrag gegebenen, aber noch nicht gestarteten Studienarbeiten zu einem 901 Cabriolet. Termingründe veranlassen Porsche, die Überlegungen für ein offenes Nachfolgemodell des 356 zurückzustellen.

Als begehrte Sonderausstattung können Kunden ab 1964 beim 911 Coupé ein Schiebedach bestellen, als vollwertiger Ersatz für ein Cabrio dient es nicht. Dem kleinen Sportwagenhersteller Porsche fehlen schlichtweg die finanziellen Ressourcen für die Entwicklung eines eigenen Cabrio-Modells inklusive der dafür notwendigen neuen Werkzeuge. Um Kosten zu sparen, soll der Cabrio-Nachfolger auf der Bodengruppe und den Karosserie-Grundelementen des Coupés aufgebaut sein, wie alle Bug- und Seitenwandteile bis zur hinteren Türfuge. Für F. A. Porsche zunächst nur bedingt eine Option, er hat ein reines Cabriolet favorisiert: „Ein gelungenes Heckmotor-Cabriolet mit Fließheck hat es nie gegeben, denn es stört irgendwie die optische Balance“, so der Designchef. Gemäß der Cabriolet-Charakteristik müssen „Hinterkotflügel und Heckabdeckung abgewandelt werden, wobei die Heckabschlußteile (Pufferstangen usw.) wahrscheinlich beibehalten werden können, ebenso auch die Sitze. Die

Größe der Windschutzscheibe soll coupégleich bleiben; die beim Cabriolet rahmenlos werdenden Kurbelfenster in den Türen unterliegen mutmaßlich Ihrer Abstimmung für das Cabriolet." Doch neben der Kostenthematik kommen Konstruktions- sowie Gestaltungsgründe zum Tragen. Ohne Dach erweist sich die Karosseriestruktur des 901 Coupé als zu weich, weitere Kosten wären durch eine niedrigere Windschutzscheibe hinzugekommen, und ein Klappverdeck auf dem hohen Rücken hätte die Fahrzeuglinie gestört. Eine andere Lösung für einen neuen offenen Sportwagen muss her, so wie die Variante mit einem 150 mm breiten Überrollbügel.

Die Namensfindung. Am 12. Juni 1964 kommt es vor dem Karosseriebau zur Vorstellung der besonderen Art: Ferry Porsche, F. A. Porsche und vier leitende Angestellte inspizieren das Modell „offener Wagen 901":

- ein blechverkleideter und nicht fahrbarer Prototyp aus Holz,
- zwischen der Windschutzscheibe und dem Überrollbügel ist ein Dach eingefügt, das hinter den Sitzen oder im vorderen Kofferraum verstaut werden kann,
- am Heck klafft ein Loch, in das ein per Reißverschluss zu lösendes Softwindow eingefügt werden kann.

Vertriebschef Harald Wagner erinnert sich an die Vorstufe des 911 Targa: „Wir haben uns um 14:00 Uhr im Versuchshof eingefunden. Und da stand ein grausliches Auto, furchtbar. Die Herren Ingenieure und die Herren vom Studio, auch F. A. Porsche, haben uns das Dachkonzept erklärt." Der Verkaufsleiter kann sich zunächst nicht für das vor ihm stehende, offene Modell begeistern und sieht dessen geplante Einführung kritisch. „So ein Ding sollen wir verkaufen? Das ist doch kein Ersatz für den, der ein Cabriolet hatte." Doch die Entscheidung für die Bügelversion steht, schließlich wird ein offenes Sportwagenmodell dringend benötigt. Es steht zu befürchten, dass dauerhaft Kunden an andere Marken wie Mercedes und den SL verloren werden. Zudem gilt es, dem Hauptabsatzmarkt USA eine vorausschauende Antwort auf die technische Herausforderung zu liefern, wie die Sicherheit der Fahrzeuginsassen bei Überschlägen mit Cabriolets erhöht werden kann. Wagner lädt die deutschen Porsche-Großhändler nach Zuffenhausen ein. Werner Franz von der Fa. Fleischhauer in Köln bringt es auf den Punkt: „Herr Wagner, Sie können das Ding jetzt nennen, wie Sie wollen. Es ist weder ein Coupé, noch ist es ein Cabriolet und jetzt müsst ihr euch einen Namen einfallen lassen." Die Suche beginnt. „Heute würde man sagen, wir haben dann ein sogenanntes Brainstorming gemacht. Innerhalb des Hauses mit der Verkaufsleitung, mit meinem Kollegen des Exports, vom Kundendienst, von den Ersatzteilen, der Werbeabteilung usw.", erinnert sich Vertriebsmann Harald Wagner. Seine Mutter ist eine Schwester von Dorothea Porsche, die eine geborene Reitz ist, er ist Großneffe von Ferdinand Porsche. Bei der Besprechung zur Namensfindung gehen die Kollegen sämtliche Rennstrecken aus aller Welt durch und auch die Fahrzeuge, mit denen Porsche an den Rennen teilgenommen hat. „Wir fingen also an in den USA mit Sebring und Daytona und dann sind wir gedanklich langsam nach Europa gekommen. Da gab es schon den Typ Nürburg von Daimler-Benz, einen Typ Le Mans und es gab auch einen Typ Monza", beschreibt der Verkaufsleiter die herausfordernde Suche nach dem passenden Modellnamen. Fest steht von Anfang an, dass das Fahrzeug auch international etwas darstellen sollte. „Dann sind wir auf unsere Hausstrecke gekommen, die Targa Florio. Es war wichtig einen Namen zu finden, der auch in den Fremdsprachen einen Klang hat", so Wagner.

Trotz der Anlaufschwierigkeiten wird der Großneffe von Ferdinand Porsche eher unverhofft zum Namensgeber für die ikonische neue Fahrzeuggattung, mit der Porsche bis heute ein Alleinstellungsmerkmal in der Automobilindustrie besitzt. „Als wir uns auf Targa Florio geeinigt hatten, sagte einer meiner Kollegen: „Nein, dann sagen die Kunden Flori." Und ich habe mir dann erlaubt zu sagen: „Warum sagen wir eigentlich nicht nur Targa?" So bin ich damals also zum Schöpfer des Namens Targa geworden", erzählt Wagner. Er ergänzt: „Ja, mein Lieblingsporsche war natürlich der 356, als ich 1954 ins Haus kam. Aber als nachher dann der Targa kam, ist der mein Lieblingsauto geworden."

„Warum sagen wir eigentlich nicht nur Targa?" Harald Wagner, der langjährige Porsche-Vertriebschef und Großneffe von Ferdinand Porsche, wird bei einem Workshop zur Namensfindung selbst zum Erfinder des Modellnamens Targa. Zuvor kann er dem Prototypen nichts abgewinnen: „Der Wagen hat mich nicht gerade umgehauen. Ich habe gedacht: ‚So ein Ding sollen wir verkaufen?'."

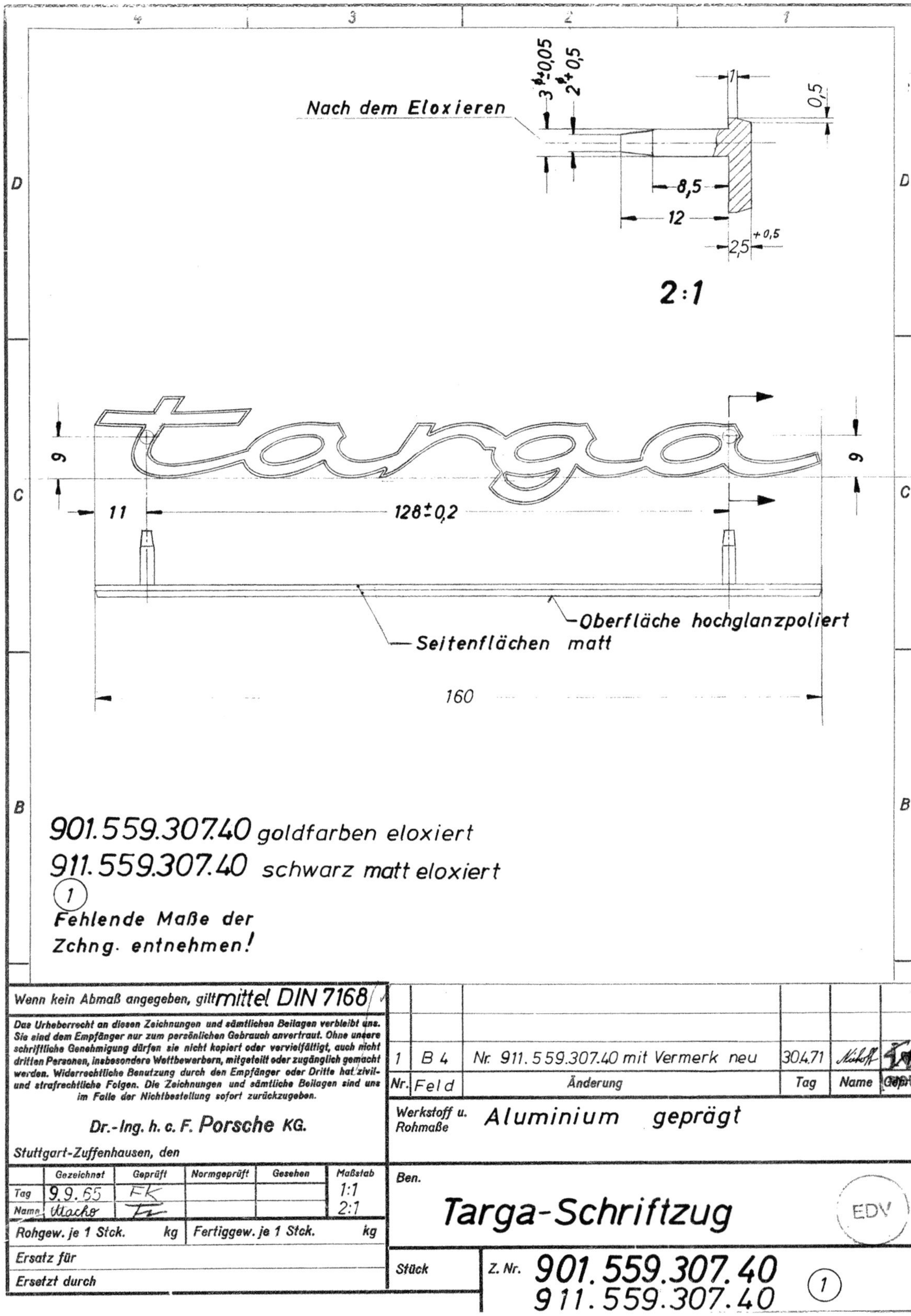

Nach dem Eloxieren
2:1
128±0,2
160
Oberfläche hochglanzpoliert
Seitenflächen matt
901.559.307.40 goldfarben eloxiert
911.559.307.40 schwarz matt eloxiert
1
Fehlende Maße der Zchng. entnehmen!
Wenn kein Abmaß angegeben, gilt mittel DIN 7168
Das Urheberrecht an diesen Zeichnungen und sämtlichen Beilagen verbleibt uns. Sie sind dem Empfänger nur zum persönlichen Gebrauch anvertraut. Ohne unsere schriftliche Genehmigung dürfen sie nicht kopiert oder vervielfältigt, auch nicht dritten Personen, insbesondere Wettbewerbern, mitgeteilt oder zugänglich gemacht werden. Widerrechtliche Benutzung durch den Empfänger oder Dritte hat zivil- und strafrechtliche Folgen. Die Zeichnungen und sämtliche Beilagen sind uns im Falle der Nichtbestellung sofort zurückzugeben.
Dr.-Ing. h. c. F. Porsche KG.
Stuttgart-Zuffenhausen, den
Gezeichnet
Geprüft
Normgeprüft
Gesehen
Maßstab
Tag
9.9.65
Name
1:1
2:1
Rohgew. je 1 Stck. kg
Fertiggew. je 1 Stck. kg
Ersatz für
Ersetzt durch
1
B 4
Nr. 911.559.307.40 mit Vermerk neu
30.4.71
Nr.
Feld
Änderung
Tag
Name
Werkstoff u. Rohmaße
Aluminium geprägt
Ben.
Targa-Schriftzug
EDV
Stück
Z. Nr. 901.559.307.40
911.559.307.40
1

WIE FAHRZEUG UND NAME ZUEINANDER FINDEN
DIE ERSTE TARGA-ERPROBUNG

„An den ersten Targa-Prototyp kann ich mich noch gut erinnern. Er war grün, damals mit der Plastikheckscheibe. Ich war als Monteur und Versuchsfahrer eingeteilt“, beschreibt Hans Clausecker die erste Targa-Erprobung im Jahr 1964. Der Kfz-Monteur ist seit 1959 in der Firma und bei der ersten Targa-Entwicklungsfahrt in Wolfsburg dabei. Doch vor Ort ist zunächst alles anders als erwartet. „In der ersten Woche standen wir am VW-Prüfgelände an der Pforte und sind erstmal mit den VW-Kollegen VW-Dauerlauf gefahren. Also die VW-Leute sind unsere Modelle gefahren und wir mit den VW-Kollegen auf der Autobahn, im Harz und in der Heide mit Käfern und Bussen“, erzählt Clausecker. „Wir haben bei Porsche zwar die 911-Modelle entwickelt, aber dazwischen auch einige Prototypen für Volkswagen. Anfangs waren nur Herr Bott und Heinz Bäuerle ermächtigt, unter der Woche auf dem VW-Prüfgelände die Porsche zu betreuen.“ Auch sein Kollege Günter Steckkönig erinnert sich an die damaligen Umstände der Porsche-Erprobungsarbeiten: „Porsche hatte damals noch kein eigenes Entwicklungszentrum,

Der erste Targa, 1964: Auf dem VW-Prüfgelände in Wolfsburg ist der erste Porsche 901 Targa-Prototyp in der Wagenfarbe Grün im Einsatz, eines von nur zwei Modellen mit einem Porsche-Wappen am Überrollbügel. Porsche-Fahrwerkingenieur Rolf Hannes (Bild unten) sitzt mit Krawatte im ersten Targa – und mit einer selbstgebauten Helmkamera, von seinen Kollegen mit mit Klebeband fixiert. Die Schnappschüsse stammen von Hans Clausecker, im Fokus stand die Erprobung von Karosserie und Fahrwerk.

Weissach gab es noch nicht. Ursprünglich haben wir unsere Versuche in der Umgebung von Zuffenhausen auf der Landstraße durchgeführt, Geschwindigkeitsmessungen auf der Autobahn, dort hatten wir einen vermessenen Kilometer." Steckkönig beginnt im Jahr 1953 als einer der ersten seine Lehre bei Porsche, besucht dann die Technikerschule und wird später Testfahrer. Parallel nimmt er privat an Autorennen teil und fährt in den 1970er-Jahren für Porsche auch die Targa Florio. „Ich bin bei Porsche im Fahrversuch tätig gewesen. Die Betonung liegt auf Fahren, das war mir immer wichtig", ordnet der gebürtige Stuttgarter seine berufliche Laufbahn ein.

Die zunehmenden Entwicklungstätigkeiten erfordern andere Optionen. Clausecker erinnert sich: „Die Dichte des Verkehrs machte die Erprobung auf öffentlichen Straßen unmöglich. Das Prüfgelände in Wolfsburg half uns, auch wenn wir dort anfangs nur am Wochenende fahren durften." Mit dem Targa im Schlepptau wird in Wolfsburg schnell klar, dass eine andere Lösung her muss. „Nach einer Woche sollten wir eine Geheimhaltungserklärung unterschreiben, um nichts über die VW-Prototypen auszuplaudern. Dann durften auch wir unter der Woche arbeiten und unsere Porsche-Autos fahren. Wir hatten außer dem Targa noch weitere 911er dabei, sonst hätte sich die Reise ja nicht gelohnt", so Clausecker. Am ersten Wochenende ist es so weit, die Porsche-Mannschaft, bestehend aus Heinz Bäuerle, Hans Clausecker und Günter Steckkönig, darf den ersten Targa-Prototyp mit dem neu entworfenen Überrollbügel auf dem VW-Prüfgelände erproben. Das erfahrene Team ist zwei Wochen vor Ort und geht nach einem bewährten Schema vor. Eine herausfordernde Zeit: Jeder Mitarbeiter hat einen großen Verantwortungsbereich abzudecken und einmalige Eindrücke entstehen. „Die Verbindung zum offenen Auto und zum offenen Fahren hat einfach etwas für sich. Ohne Dach ist das Erlebnis beim Fahren ein anderes, genau wie die Geräusche", beschreibt Entwicklungsfahrer Steckkönig seine ersten Targa-Erlebnisse.

Der Erfahrungsschatz, die Präzision und das Gefühl der Kollegen sind entscheidend, andere technische Hilfsmittel stehen Anfang der 1960er-Jahre nicht zur Verfügung. Zwischen 8.000 und 10.000 Testkilometer werden gefahren, im Fokus sind Karosserie und Fahrwerk. „Wir waren im sogenannten Käfig in Zuffenhausen tätig, da haben wir viele geheime Versuchsarbeiten durchgeführt. Die Targa-Prüfung lief ähnlich ab wie bei den ersten 911-Modellen: Prototypen-Aufbau, Dauer-Erprobung und dann Auswertung zu Hause. Wir hatten in Wolfsburg Schichten rund um die Uhr und sind nach der Dauerlauf-Erprobung wieder nach Zuffenhausen zurückgefahren", so Clausecker. Sein Kollege Steckkönig führt aus: „Wir sind in Wolfsburg nur Dauerlauf gefahren. Dabei wird hauptsächlich das Fahrwerk mit den Radaufhängungen und die Karosserie beansprucht. Die Prüfgelände-Erprobung ist sehr hart, es gibt dort Pflaster, Bodenwellen, Schlaglöcher, Sprunghügel, eine Wasserdurchfahrt, enge Kurven und eine längere, wellige Gerade. Hier sind dann u. a. die vier Gewindebuchsen an der Hinterachse, mit der die Federstrebe mit der Karosserie verschraubt ist, eingerissen." So steht es in Steckkönigs Aufschrieben von damals. „Das mussten wir dann nachschweißen", ergänzt Clausecker, der die vorangegangenen Arbeiten in Zuffenhausen begleitet hat. Die viel diskutierte Karosseriefestigkeit des Targa-Prototyps, die salopp als „911 Coupé ohne Dach" in der Literatur nachzulesen ist, spielt darauf an.

„Bevor der Erstaufbau eines Prototypen erfolgt, wird mit der Rohkarosse eine Rahmenverwindung durchgeführt. Dabei wird mittels Messuhren die Karosseriesteifigkeit gemessen. Wenn nötig, werden dann schon Verbesserungen eingeschweißt. Bei Schäden werden notfalls auch während der Dauerlauf-Erprobung Verstärkungen eingesetzt", erzählt Fahrwerksmonteur Clausecker. „Nach der Erprobung wurden die Fahrzeuge in Zuffenhausen komplett zerlegt. Dann wurden die Schwachstellen, die man durch die Dauererprobung rausgefahren hat, entsprechend angepasst oder verstärkt", ordnet Steckkönig die empirischen und durch Erfahrung erprobten Entwicklungstätigkeiten ein. „Man schätzte den Sicherheitsaspekt des Überrollbügels und versuchte, ihn schön ins Fahrzeug zu integrieren. Das ist gut gelungen." Kollege Clausecker ergänzt: „Der erste Targa hatte eine Soft-Heckscheibe und war damit verwindungsweicher als das Coupé. Mit der Glasscheibe ist der Targa dann verwindungssteifer geworden." Parallel endet im April 1965, nach fast 78.000 Einheiten, die Produktion des 356.

60 JAHRE PORSCHE SPORTWAGEN-
ENTWICKLUNGSGESCHICHTE

Mehr als sechs Jahrzehnte Entwicklungshistorie verbinden diese beiden Aufnahmen. Die Entwicklungskollegen von Porsche und Volkswagen bei der ersten Targa-Erprobung 1964 auf dem Prüfgelände in Wolfsburg (Bild links). Am grünen Targa-Prototyp sind links Hans Clausecker, Günter Steckkönig, am roten 901 stehen mittig Heinz Bäuerle, im Hintergrund zwischen Steckkönig und Bäuerle Fahrwerkingenieur Rolf Hannes, rechts hinter Bäuerle Elektriker Walter Bemsel, daneben Karosserie-Experte Rau. Der Herr im Arbeitsmantel war der VW-Prüfgeländechef. Handstand auf dem Citroën-Begleitfahrzeug macht Fahrwerker Albert Junginger und ganz rechts steht Dauerlauf-Fahrer Martin Kopp.

2025 stehen Heinz Bäuerle, Hans Clausecker und Günter Steckkönig (rechtes Bild, von links nach rechts) um die 911 Targa 4S Heritage Design Edition in cherrymetallic – ein auf weltweit 992 Exemplare limitiertes Modell des Typs 991 von 2020 mit charakteristischem Targa-Bügel und der weltweit einmaligen Dach-Kinematik. Im Jahr 2025 wird Heinz Bäuerle 90 Jahre alt, seine beiden ehemaligen Porsche-Kollegen ziehen 2026 nach. Das Foto entsteht im Clubheim der Freunde Luftgekühlter Boxermotoren (FLB) in Weissach – das ist die größte Betriebssportgruppe bei Porsche mit über 800 Mitgliedern. Bei regelmäßigen Treffen tauschen sich ehemalige und aktuelle Kollegen über automobile Kultur aus.

Vom 901 Coupé werden die hinteren Kotflügel, das Heck und die Motorhaube unverändert übernommen. Auf Basis eines Fließhecks ist die Targa-Lösung ein im Bereich der B-Säule in die Karosserie integrierter Überrollbügel aus Nirosta-Edelstahl, der mit einem flexiblen, klappbaren und leicht zu verstauenden Dachteil zwischen Bügel und Frontscheibenrahmen ausgestattet ist. An zwei Aufnahmepunkten wird das Dach in den Targa Bügel gesteckt und am Scheibenrahmen mit zwei Klappbügeln befestigt, sodass es beim endgültigen Verbau über flexible Verstrebungen und eine brauchbare Festigkeit verfügt. Das Dachmittelteil ist aus einem faltbaren Aludruckgussrahmen mit Kunstlederbezug hergestellt und die flexible Kunststoff-Heckscheibe ist bei den ersten Targa-Modellen mit einem Reißverschluss versehen.

Der eingebrachte Überrollbügel sorgt für den benötigten Insassenschutz, das Targa-Dachteil und das zu öffnende Heckfenster mit der Faltheckscheibe ermöglichen neue Arten der Frischluft-Zufuhr. Am 11. August 1965 wird die Verdecklösung zum Patent angemeldet, unter der Nummer 1455743 sind Dipl.-Ing. Hans Tomala, Gerhard Schröder und Werner Trenkler als Erfinder eingetragen. Einen Monat später erhält der Targa auf der IAA in Frankfurt eine gute Resonanz, er wird aber erst im Dezember 1966 in Serie gehen. Denn die Tests gehen weiter: Die Porsche-Ingenieure wollen sicher sein, dass das neue Sicherheitscabriolet mehr als nur einen Überschlag aushält, und führen unter anderem am 10. November 1965 einen Falltest aus über zwei Metern Höhe durch. Dieser zeigt, dass das Team um Entwicklungsvorstand Helmuth Bott den Überrollbügel, seine Halterungen, die umgebende Struktur und den Frontscheibenrahmen überarbeiten, also noch einmal verstärken muss. Eine darauf folgende Erprobung in Wolfsburg gibt grünes Licht, die Mannschaft in Zuffenhausen kann sich nun um die Windgeräusche und den Wassereintritt kümmern. Am 27. Mai und am 7. Oktober folgen die Patente für das Dachteil vorn und das Heckverdeck.

BUNDESREPUBLIK DEUTSCHLAND

DEUTSCHES PATENTAMT

Int. Cl.: B 60 j

Deutsche Kl.: 63 c, 45

Offenlegungsschrift 1455 743

Aktenzeichen: P 14 55 743.8 (P 37433)
Anmeldetag: 11. August 1965
Offenlegungstag: 22. Mai 1969

	Ausstellungspriorität:	—
	Unionspriorität	
	Datum:	—
	Land:	—
	Aktenzeichen:	—
	Bezeichnung:	Verdeck für Kraftfahrzeuge, insbesondere Personenkraftwagen
	Zusatz zu:	—
	Ausscheidung aus:	—
	Anmelder:	Dr.-Ing. h. c. F. Porsche KG, 7000 Stuttgart-Zuffenhausen
	Vertreter:	—
	Als Erfinder benannt:	Tomala, Dipl.-Ing. Hans, 8500 Nürnberg; Schröder, Gerhard, 2757 Ditzingen; Trenkler, Werner, 7144 Asperg

Benachrichtigung gemäß Art. 7 § 1 Abs. 2 Nr. 1 d. Ges. v. 4. 9. 1967 (BGBl. I S. 960): 10. 5. 1968

DT 1455743

⊕ 5.69 909 821/196 8 80

1455743 M 67

Patentanmeldung Dr. Expl.

Firma Dr.Ing.h.c. F. Porsche KG
Stuttgart-Zuffenhausen, Spitalwaldstr. 2

Verdeck für Kraftfahrzeuge, insbesondere Personenkraftwagen

Die Erfindung betrifft ein Verdeck für Kraftfahrzeuge, insbesondere Personenkraftwagen, das aus mehreren Abschnitten besteht, von denen einer als den Fahrgastraum überspannender Rollbügel ausgebildet ist, an welchem eine Fahrgastraumabdeckung und eine Heckverkleidung befestigt sind.

Es ist bereits bekannt, das Verdeck, bzw. die Fahrgastraumabdeckung eines Kraftfahrzeuges aus mehreren Teilen zu bilden, die lösbar untereinander verbunden sind und im Fahrzeug untergebracht werden können. Diese Teile sind starr, so daß ihre Unterbringung, insbesondere wegen des großen Platzbedarfes, äußerst schwierig ist. Auch ist keines dieser Verdeckteile derart ausgebildet, daß er die Funktion eines für die Sicherheit der Fahrzeuginsassen den Fahrgastraum überspannenden Rollbügels übernehmen könnte.

Es ist weiter bekannt, einen Teil des Verdecks als

909821/0196 -2-

63c 45 14 55 743 O.T: 22.5.1969 1455743

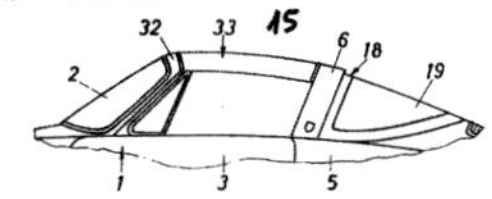

Fig. 1

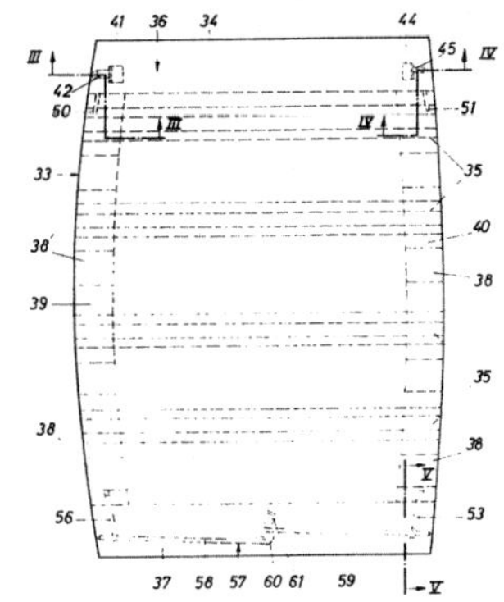

Fig. 2

909821/0196

M 92 1580535

Patentanmeldung

Firma Dr.-Ing.h.c. F. Porsche KG
Stuttgart-Zuffenhausen, Porschestraße 42

Verdeck für Kraftfahrzeuge

Für Kraftfahrzeuge, insbesondere Sportwagen, ist bereits vorgeschlagen worden, den Fahrgastraum zur Sicherung der Fahrzeuginsassen mit einem Überschlag oder Rollbügel zu überspannen. Dieser Rollbügel ist gleichzeitig als Träger für Dachteile ausgebildet, die abnehmbar am Windschutzscheibenrahmen und am Rollbügel befestigt sind.

Demnach bezieht sich die vorliegende Erfindung auf ein Verdeck für Kraftfahrzeuge, das an einem Windschutzscheibenrahmen und an einem den Fahrgastraum überspannenden Rollbügel lösbar befestigt ist.

Die der vorliegenden Erfindung zugrunde liegende Aufgabe besteht darin, die Ausgestaltung des Verdecks sowie seine Verbindung mit und Befestigung an den angrenzenden Aufbauteilen, dem Windschutzscheibenrahmen und dem Rollbügel, weiter zu verbessern.

009850/0484 -2- BAD ORIGINAL

63 c - 45 - AT: 27.05.1966 OT: 10.12.1970 1580535

Fig. 1

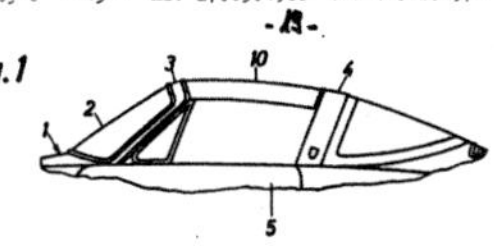

Fig. 2

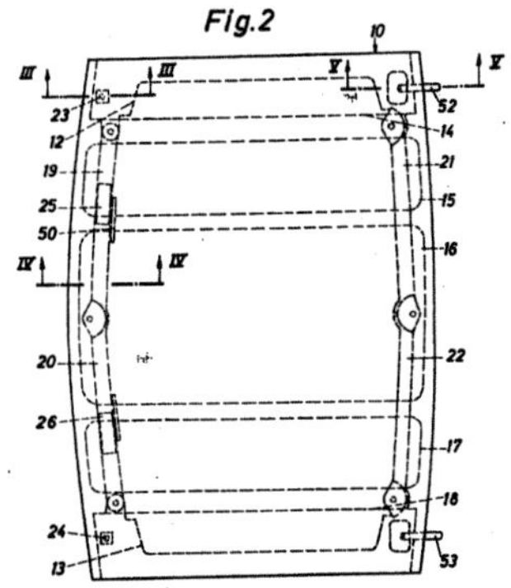

009850/0484

N 371

63c 45 AT: 7.10.1966 OT: 11.2.1971 -9-

Belegexemplar

1580560

Fig. 1

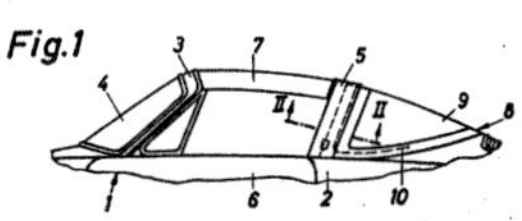

Fig. 2

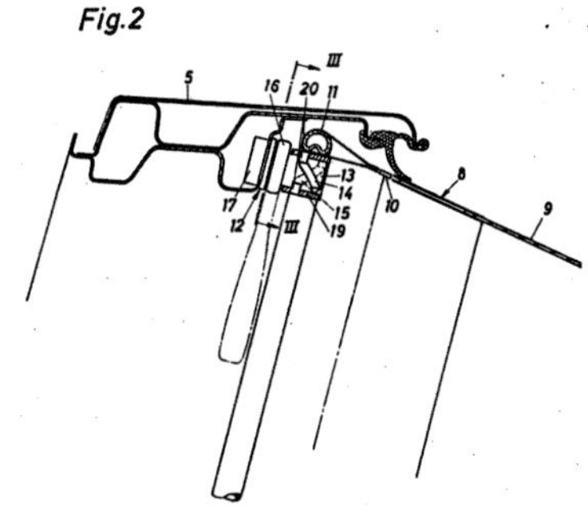

009887/0242 ORIGINAL INSPECTED

Die ersten Targa-Patente (Auszüge): Das Verdeck als Gesamtkonzept wird zuerst angemeldet (oben), es folgen die Patente für das vordere Dachteil (unten links) und das Heckverdeck (unten rechts). Porsche lässt auch den Namen Targa patentieren und ist der einzige Automobilhersteller, der „Targa" als Modellbezeichnung führen darf.

Targa
Targa
Targa
Targa

VORBILD | DESIGNIDEE

DESIGN X TECHNIK
KONTINUITÄT

Es heißt, dem Wesen nach strebt Design nach Innovation. Neue Produkte und eine innovative Produktsprache werden geprägt durch technologische Umbrüche, neuartige Materialien oder Werkstoffe sowie gesellschaftliche, kulturelle und künstlerische Veränderungsprozesse. Die Art des Produkts entscheidet grundsätzlich über den Grad der Designfreiheit. Bei Porsche speist sich diese Dialektik durch den Einklang von technologischer Weiterentwicklung und der Bewahrung der Formsprache. Dinge zu verbessern und besser zu machen, aber das Konzept – den eigenen Ursprung – zu erhalten, das gilt bis heute. Zukunft mit Vergangenheit, Moderne durch Tradition, Identität mit Haltung. In allen acht Generationen des Porsche 911 gibt es jeweils auch immer eine eigene Variante des 911 Targa. Seit 1966 wird der Sportwagen mit dem markanten Überrollbügel in Zuffenhausen gebaut, der Targa begleitet die Sportwagenikone durch die Jahrzehnte und ist nicht nur eine Art konstanter Ableger – er gehört zum 911, trotz oder vielleicht genau wegen anderer Stückzahlen, Kunden und einer von 1995 bis 2012 beibehaltenen Alternativlösung für den Überrollbügel.

An dieser Traditionspflege sind über Jahrzehnte hinweg August Achleitner, vormaliger Leiter Baureihe 911/718, der ehemalige Leiter Style Porsche, Harm Lagaaij, sowie sein langjähriger Mitarbeiter und Leiter Special Projects, Grant Larson, maßgeblich beteiligt. Mit ihren jeweiligen Design- und Entwicklungsteams haben sie dazu beigetragen, dass sich Porsche immer wieder neu erfindet – neue Verbindungen von Design und Technologie zu finden, alte – wo nötig – zu bewahren und doch jedem Fahrzeug seinen individuellen Charakter zu geben.

„Der 911 Targa ist Ausdruck von Sicherheit und Qualität in einer besonders schönen Karosserieform und hat eine ununterbrochene Geschichte seit dem ersten 911", ordnet Harm Lagaaij das Fahrzeugmodell ein. Der gebürtige Niederländer ist von 1989 bis 2004 Porsche-Chefdesigner und verleiht der Sportwagenmarke seine persönliche Note, genau wie F. A. Porsche und Anatole Lapine. Lagaaij ist beim 911 für das Design von vier Modellgenerationen verantwortlich: vom 993 mit allen Derivaten bis zum 997/997 Targa/997 Turbo und GT3. Hinzu kommen der Boxster (986), Cayman, der legendäre Carrera GT und der Cayenne mitsamt dem Cayenne Turbo. Er hat dabei stets die Design-Wege neu definiert, die Porsche auch aus Krisenzeiten geführt haben. Doch es ist seine zweite Episode beim Sportwagenhersteller, schon einmal ist er bei Porsche angestellt. „Ich bin offensichtlich der Krisenmann. Im September 1971 kam ich zum ersten Mal zu Porsche. Im Folgejahr vollzog sich ein Wechsel in der Geschäftsleitung und die Porsche-Familienmitglieder mussten sich zurückziehen. Dann kam die Ölkrise, es war eine turbulente Zeit", erinnert sich Lagaaij an seine Anfangsjahre im Porsche-Designteam. „Ja, Krise beim ersten Mal und auch beim zweiten Mal.

Bis wir das Boxster-Showcar gemacht haben", konstatiert Grant Larson. Der Designer arbeitet seit 1986 beim Sportwagenhersteller und hat mit seinem ehemaligen Chef Lagaaij viele bedeutende Fahrzeugprojekte realisiert. „Wir haben ein Problem? Harm wird es schon machen, er wird Lösungen finden. Das ist schon eine coole Geschichte, eigentlich eine eigene Story in sich", scherzt Larson, doch sein Urteil ist voller Wertschätzung. Denn auch Anfang der 1970er-Jahre ist es der Jung-Designer Lagaaij, der Porsche mit dem 924 einen Kassenschlager beschert, der später zu einem der meistverkauften Sportwagen der Welt aufsteigen sollte, trotz vieler Spötter. Als Nachfolger für den VW-Porsche 914 gedacht, wurde mit dem Einsteigermodell 924 erstmals das technische Konzept mit luftgekühltem Heckmotor durch einen wassergekühlten Frontmotor mit Transaxle-Antrieb ersetzt. „Porsche war in den 1970er-Jahren ausgelastet mit den Aktivitäten von 928, 924 und 944. Das waren die neuen Autos, die eigentlich den 911 beerben sollen. Es blieb vermutlich keine Zeit und es gab keine Kapazitäten", schätzt Achleitner die Situation der damaligen Kollegen ein. Sein Blick auf die Themen und die technischen Zusammenhänge sind in der Branche wohl nahezu einmalig.

Achleitner ist mehr als 20 Jahre lang für die Baureihe 911 verantwortlich, in den letzten Jahren vor seinem Ruhestand dann für die Baureihe 911/718. Er hat 1989 bei Porsche in der Fahrwerksentwicklung angefangen und man sagt, Achleitner ist der Mann hinter dem 911, der den Mythos Porsche über die Modellgenerationen vom 993 bis zum 992 technisch wie technologisch immer wieder in die Zukunft entwickelt hat. Es geht um Identität und das gute Gefühl – immer anders, neu und doch vertraut.

DESIGN X TECHNIK
PROJEKT 928 TARGA

„Das wäre ein wunderschönes Auto gewesen“, ist die einstimmige Meinung von Harm Lagaaij, August Achleitner und Grant Larson – kurz nachdem die beiden Letztgenannten zum ersten Mal vom Projekt 928 Targa gehört sowie die bislang unveröffentlichten Skizzen und Aufnahmen ihres ehemaligen Porsche-Kollegen Lagaaij gesehen haben. Darauf ist ein 928 Targa mit verglastem Überrollbügel zu erkennen, den Jung-Designer Lagaaij damals mit Airbrush-Technik und 1:1-Tape angefertigt hat. Auch ein Modell wurde aufgebaut. „Man sieht den Rollbügel unter dem Glas ganz leicht angedeutet. Es gab ein 1:1-Modell mit Plexiglas-Greenhouse über dem Rollbügel, aber kein Interieur. Ein schönes Auto“, sagt er rückblickend.

„Eine Interpretation des 928, vorne sieht man es deutlich“, erkennt Exterieur-Designer Larson auf Anhieb die Gemeinsamkeiten zum Gran-Turismo mit V8-Frontmotor und Hinterradantrieb. „Warum ist das Fahrzeug nicht weiterverfolgt worden?“, will Achleitner wissen, der rund zehn Jahre später zu Porsche kommt. „Es waren die Kosten, es war zu früh und ein Ressourcenthema. Die Idee zum 928 Targa ist entstanden, als das Studio mit dem Design des 928 eigentlich schon fertig war. Das Auto war gerade vorgestellt worden und man hat überlegt, was man noch machen könnte.

Aber die Firma hatte alle Hände voll zu tun, wir waren damals so klein“, fasst Lagaaij die innerbetriebliche Lage zusammen. „Beim 928 gab es diese Umbruchsstimmung, die Verträge mit VW standen auf dem Spiel, verschiedene Projekte von Porsche für Volkswagen wurden storniert. Frontmotor, Heckmotor, Transaxle, die Idee eines V8-Motors in 911-Modellen, das habe ich alles erlebt.“ Ein elektrisch zu öffnendes Glasdach wird später bei der vierten Targa-Generation vom Typ 993 im Fahrzeugkonzept eingeführt – unter Designchef Harm Lagaaij.

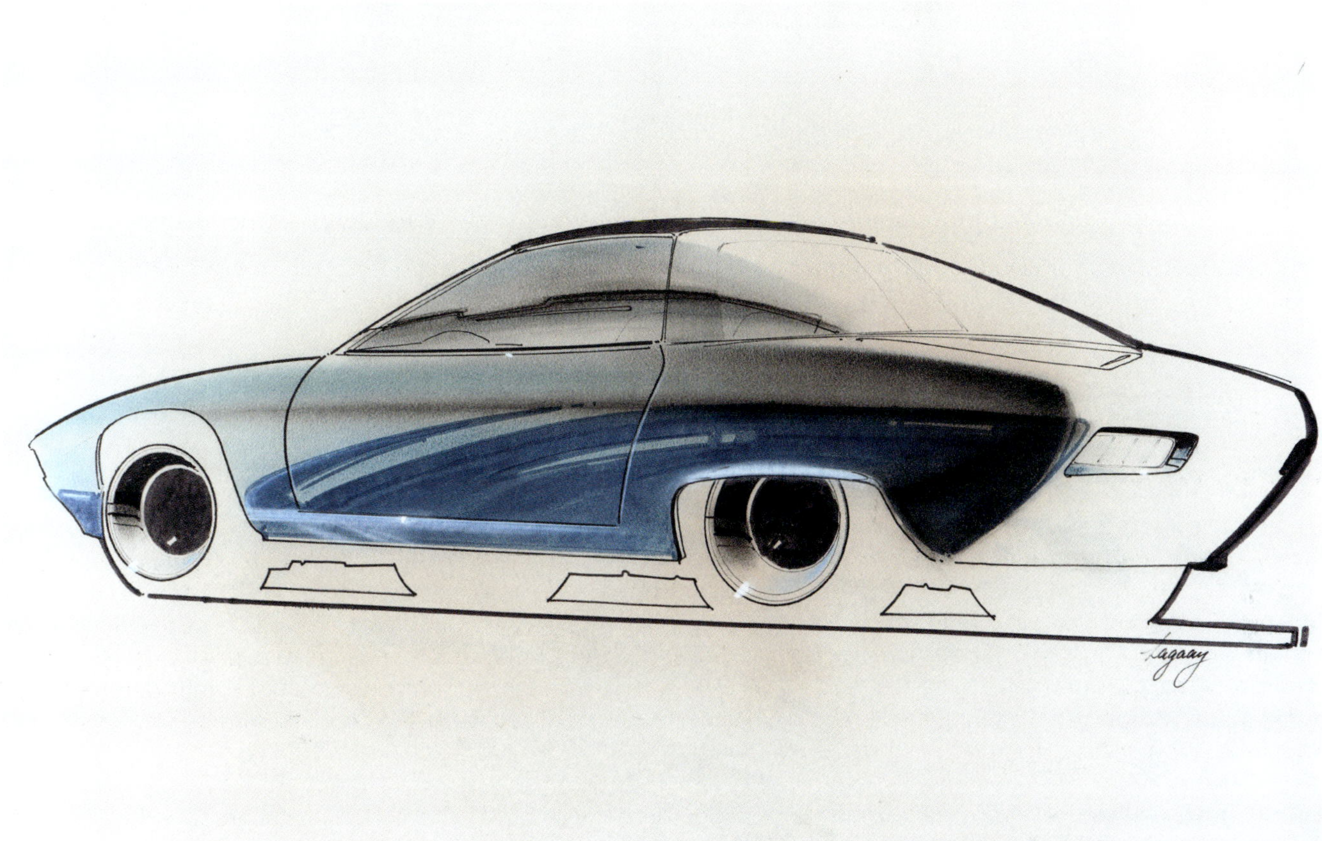

Projekt 928 Targa: So hätte er aussehen können, doch es war „zu früh für ein weiteres Derivat“. Die Skizzen und Modell-Aufnahmen von Harm Lagaaij aus den 1970er-Jahren sind bislang unveröffentlicht. Das Dachmittelteil des Prototyps sollte sich unter die Heckscheibe schieben, so die Fahrzeugidee.

„Mit dem Begriff Targa und durch den Überrollbügel wurde den Kunden immer ein bisschen mehr Sicherheit suggeriert. Technisch gesehen hat ein Targa eine höhere Torsionssteifigkeit als ein Cabriolet, weil der Bügel dazu beiträgt, die Karosserie zu versteifen. Bei der Biegesteifigkeit der Karosserie macht es nicht viel aus. Targa heißt im Italienischen außerdem Schild", erläutert Achleitner die Zusammenhänge rund um den Modellnamen. Harm Lagaaij ergänzt: „Mit der Zeit hat man daraus eine Story gemacht. Die Bezeichnung Targa hat Porsche mit dem 911 verbunden, ihm angehängt. Beim 914 ist die Karosserie ähnlich, doch der Begriff Targa bleibt dem 911 vorbehalten."

Der 993 ist der letzte 911 mit Luftkühlung – und in der Targa-Ausführung? Da geht Porsche neue Wege und beschert ihm einen Exotenstatus, der bis 2014 anhalten wird. Der Bügel wird neu interpretiert, setzt einen Trend, der bis heute im Automobilbau zu finden ist: mehr Licht im Auto und ein freier Blick nach oben. „Der Zeitgeist der 1990er-Jahre mit den offenen Dächern, dem zunehmenden Automatismus und den Komfortsteigerungen hat dazu geführt, dass man den ursprünglichen Targa mit seinen Qualitätsproblemen fallen ließ", so Achleitner. „Das Handling des Faltdachs war zu altmodisch für die Zeit", ergänzt Larson. „Zudem hat das Konzeptfahrzeug Panamericana für Aufwind gesorgt. Deshalb wurde dann wieder über eine andere Targa-Lösung nachgedacht und es beflügelte einen neuen Versuch. Es gab lange, heftige Diskussionen, ob es überhaupt sinnvoll wäre, so eine Art von Targa zu machen. Das Konzept ist völlig anders als das ursprüngliche und es gab enorme Toleranzprobleme mit dem Gestell, oben auf dem Rohbau", berichtet der ehemalige Designchef. Sein Entwicklungskollege Achleitner konstatiert: „Ja, der 993 war speziell im Rohbau des oberen Bereichs immer noch ein G-Modell. Der hatte unmögliche Toleranzen, Fugen, Größen und Abweichungen. Hinten unten, am Ende der C-Säule, hatte der 993 auch eine Blende. Ich kann mich daran erinnern, dass das Targa-Dach auf die Cabrio-Karosserie aufgesetzt wurde. Da wurde einfach wahnsinnig gekämpft." Auch die Bezeichnung ist Änderungen unterworfen. „Das klassische Targa-Modell wurde mit dem 993 und dem großen Schiebedach aufgegeben. Das war nicht mein Projekt, aber in der Entwicklung haben wir das Fahrzeug zuerst nicht als Targa bezeichnet. Der Name kam erst viel später dazu", erinnert sich Larson. „Der 993 Targa hat keinen Querbügel, aber man kann die Linienführung von der A-Säule zum Heck deutlich besser sehen als beim normalen Coupé. Es hat Frische hineingebracht, etwas Neues, und wenn man die Dachholme genau ansieht, erkennt man, dass hier eine zusätzliche Rille eingeprägt wurde, um diese Linienführung nochmals zu betonen. Die gleiche Formensprache ist auch beim Dach und bei der Heckscheibe zu erkennen. Es ist die ‚Flyline', die damals noch nicht so hieß, ähnlich wie die Dachrinne beim ersten 911", erklärt Lagaaij die designtechnische Kulturrevolution beim offenen Targa. „In der Seitenansicht wich man gezwungenermaßen von der Seitenscheiben-Grafik des normalen Coupés ab. Das erklärt auch, warum der 996 Targa mit der Heckscheibe als Heckklappe so attraktiv war. Das ist sowas von praktisch: Du schmeißt deine Fitnesstasche einfach hinten ins Auto und musst sie nicht von der Tür aus hinten ablegen." Einwand Achleitner: „Der einzige Nachteil beim 993 und beim 996 Targa war, dass die Autos auf den ersten Blick nicht als Targa identifizierbar waren, wenn man nicht direkt vor ihnen stand. Deshalb haben wir für den 997 nach einer anderen Lösung gesucht." Daraufhin entsteht der „Achleitner-Doppelstrich", der dem letzten Modell der Glasdach-Reihe wieder mehr Eigenständigkeit geben soll. „Mit Designer Matthias Kulla habe ich mich zusammengesetzt und ihn gefragt, was wir designtechnisch machen können, um dem neuen 997 Targa wieder mehr Targa-Identität zu verleihen. Weil wir auch an den Bauteilen etwas neu machen und verändern müssen", beschreibt Achleitner diesen Teil der Entwicklungsarbeit, mit dem das neue Fahrzeug richtig im Markt positioniert werden sollte. „Dann zeichnet er an der Flyline und entwirft diesen seitlichen Doppelstrich. Ich habe ihm gesagt: ‚Matthias, genau das ist es, wir machen da eine Leiste rein. Wir greifen den silbernen Edelstahl wieder auf.' Mir hat das unheimlich gut gefallen. Das entspricht natürlich nicht dem ursprünglichen Targa, aber es hat dem 997 wieder mehr eigene Identität gegeben", so Achleitner.

Larson bekräftigt: „Das war ein Sprung vom 996 auf den 997, weil es die Eigenständigkeit des Modells stärker betont", sagt Larson. Auch die Entscheidung, den Targa künftig nur noch als Allrad-Variante anzubieten, fällt in diese Zeit. Achleitner: „Wir wechselten auf die breite Karosserie und mussten die Seitenblechteile des Targa-Dachs neu machen und anpassen. Neben der Idee mit der gebürsteten Leiste haben wir uns im Hinblick auf den 997 Targa die Kunden des 996 angesehen. Da haben wir bemerkt, dass diese Kunden gern offen fahren, aber sehr sicherheitsbewusst sind. Daher haben wir den Targa ab dem 997 nur noch als Allradversion angeboten. Das Auto war dann wieder erfolgreicher, weil wir den Aspekt Sicherheit und die Ausprägung dieser Merkmale besser getroffen haben." Weiterentwicklung durch Charakter.

Bleibt noch der Blick auf das aktuelle Modell und die Rückkehr zum Ursprungskonzept mit Überrollbügel. Lagaaij ist seit 2004 im Ruhestand, die Entwicklung des 991 Targa basierte zunächst auf dem 997-Modell. „Ja, der Gustl und der Grant waren dabei", gibt Achleitner lachend zu. „Wir hatten 2006 Workshops mit den Kollegen aus der Vorentwicklung", sagt Larson. „Wir haben das neue Konzept anfangs ‚Targa Classic' genannt." Achleitner fährt fort: „Grant hat auf Basis des 997 zunächst das ursprüngliche Targa-Dachkonzept aufgezeigt. Es hat allen derart gut gefallen, dass uns klar war: So müssen wir es beim 991 machen. Das Erste, was wir bei der Vorentwicklungsstudie des 997

Designskizzen von Grant Larson zum 991 Targa, der 2020 auf den Markt kommt und den traditionellen Überrollbügel zurückbringt. „Das kann nur von Porsche kommen, kein anderer Hersteller hat diese senkrechte, gebürstete, knallsilberne B-Säule. Nur die Italiener hatten ein paar Konzeptstudien mit einem Querbügel, sogar gebürstet, als Showcars", so Designer Larson.

gemacht haben, war, das Dach auf den 991 zu setzen, in der Hoffnung, man könnte davon etwas übernehmen," beschreibt Achleitner die erste Phase auf dem Weg zum 991 Targa. Larson ergänzt: „Doch leider hat aufgrund der Proportionen und des vergrößerten Radstands des 991 überhaupt nichts gepasst. Dann wurde das Dachkonzept noch einmal neu durchdacht", erinnert er sich an die herausfordernde Entwicklungsarbeit für Design und Technik. „Es war zu wenig Zeit bis zum Ende des Planungszyklus vom 997. Mit der verbliebenen Restlaufzeit ein neues Modell einzuführen, das hat sich einfach nicht gerechnet. Deshalb wurde die Weiterentwicklung des 997 auf die 991-Entwicklung übertragen und wir haben Dachstrategie-Workshops abgehalten. Es gab Änderungen am Radstand, am Verdeckkastendeckel-Konzept, und wenn wir den Targa wieder umwandeln wollten, bräuchten wir ein neues Verdecksystem mit Hartschalen und höherer Qualität." Auch ein Begleitthema trifft alle Fans und Kunden des offenen Fahrens gleichermaßen: die Windgeräusche. 911-Chefingenieur Achleitner weiß: „Wenn man die Möglichkeit hat, direkt aus einem offenen Cabrio in einen offenen Targa zu wechseln, fällt auf, dass der Targa etwas lauter ist. Das hängt damit zusammen, dass ein Teil des Luftstroms den Überrollbügel hinten trifft und es dort zu Verwirbelungen kommt, was beim Cabriolet nicht der Fall ist. Mich hat das nie gestört, obwohl ich da sehr empfindlich bin." Der Ingenieur ist für sein feines Gespür und seinen Wahlspruch „um ein Auto zu verstehen, muss man es hören" bekannt. „Die Geräuschqualität der geschlossenen Fahrzeuge ist wirklich toll, die war bei den alten Targa-Modellen nicht so überzeugend. Im Laufe meiner Berufslaufbahn bei Porsche hatte ich selbst ein paar Mal einen Targa als Dienstwagen und viel Freude damit", stellt Achleitner abschließend fest. Lagaaij gibt zu: „Auch beim 993 und beim 996 sind die Windgeräusche beim offenen Fahren nicht besonders gut." Mit akustischen Irritationen kennt sich auch Grant Larson aus: „Der ausfahrbare Windabweiser am Windschutzscheibenrahmen ist fast eine Notlösung. Erst spät im Programm haben wir festgestellt, dass die Windgeräusche beim 991 Targa sehr laut sind. Es gibt mehr Verwirbelungen als beim Cabriolet und wir haben sehr lange an der obersten Kante des Windschutzrahmens gearbeitet. Mit dem oben aus dem Scheibenrahmen ausklappbaren Windabweiser konnten diese störenden Verwirbelungen aber gut vermieden werden", berichtet Larson. Die Erfolgsbilanz des Targa kann sich am Ende sehen lassen. Achleitner beschreibt es folgendermaßen: „Bei den Fahrzeugübergängen vom 996 auf den 997 und vom 991 auf den 992 haben wir versucht, die Dachvarianten mit möglichst wenig bis gar keinen Änderungen zu übernehmen, um Laufzeit und Stückzahl zu erhöhen. Der Targa mit der klassischen Ausführung ab dem 991 ist angesichts der Quote der erfolgreichste Jahrgang, mit einem Anteil über zehn Prozent." So sollen sich auch die Investitionen und Entwicklungsaufwendungen amortisieren. „Der Targa vom 993 bis zum 997 hat einen Anteil zwischen sechs und acht Prozent. Der 991 Targa ist deutlich erfolgreicher", ordnet Lagaaij ein. Abschließend noch einmal Gustl Achleitner: „Wir wechselten mit dem 991 Targa auf das neue Dachkonzept und trauerten dem großen Glasdach vom 997 Targa ein kleinwenig hinterher. Das führte dazu, dass wir das Schiebedach ab dem 991 Coupé auch in einer Glasdach-Variante anbieten. Diese Option ist bis heute verfügbar, man kann beim 911 Coupé ein lackiertes Blechdach oder ein Schiebedach als Glasdach auswählen – Auslöser war der 997 Targa." Das erklärt den offenen Generationen-Mix in Serienproduktion. Also hat auch der Targa den 911 geprägt und nicht nur umgekehrt. Wertschöpfung durch eine eindeutige Formsprache: Tradition und Moderne zu verbinden heißt, Design und Technik zu gestalten. Der 911 Targa verkörpert die Sportwagenhistorie des Sportwagenherstellers in seiner ganz eigenen Form. Achleitner, Lagaaij und Larson haben mit ihren Teams einen technisch wie stilistisch maßgeblichen Anteil an dieser Porsche-Kontinuität.

Aus ihrer Sicht ist der 911 Targa:

- eine Alternative zum Coupé und später zum Cabriolet,
- ein attraktives Derivat mit eigener Ästhetik,
- eine Variante, die besonders attraktive Merkmale vom 911 Coupé übernimmt und ästhetische Details für sich in Anspruch nimmt, die für sich sprechen,
- ein Dachkonzept mit Alleinstellungsmerkmal und einer Erfahrung, die der geschlossene 911 nicht bietet,
- die perfekte Kombination aus Cabriolet-Gefühl und Coupé-Qualität, ein offenes Fahren mit zusätzlichem Wetterschutz.

Rechte Seite: Porsche verspricht eine „Kulturrevolution des Offenfahrens": Die Targa-Modelle der Typen 993, 996 und 997 haben den charakteristischen Überrollbügel mit neuem Charakter neu interpretiert. Durch das Glasdach im 993 Targa kommt erstmals mehr Licht ins Auto (oben links), der 996 Targa erhält eine Heckklappe (oben rechts) und erstmalig einen wassergekühlten Sechszylinder-Boxermotor als Antriebsquelle. Fast alles auf neu heißt es beim 997 Targa (Mitte links und rechts): Für eine erfolgreichere Marktpositionierung wird der Targa zur Allradversion. Beim 991 geht es schließlich zurück zu den Wurzeln und zum klassischen Targa-Bügel (unten).

S GO 101

S GO 4159

1 | DAS ORIGINAL

(1965–1993)

DER 911 TARGA
UR-911

Bauzeit Ur-911:	09/1966 bis 07/1973
Modelljahre:	1967 bis 1973, intern ab 1968: A-Serie bis F-Serie
911 Targa:	25.429 Einheiten
912 Targa:	2.562 Einheiten
911 Coupé:	55.671 Einheiten

Auf der Internationalen Automobilausstellung IAA in Frankfurt präsentiert der Sportwagenhersteller Porsche 1965 den 911 Targa 2.0 – ein Fahrzeug, das weder Cabriolet noch Coupé ist, weder Hardtop noch Limousine, sondern eine neue Idee verkörpert. Der Targa setzt mit dem Überrollbügel ein innovatives Zeichen im Cabriolet-Bau, die Modellbezeichnung mit ihren Rennsport-Assoziationen tut ihr Übriges.

Die Highlights:

➔ 11. August 1965: Porsche lässt das Targa-Dachkonzept patentieren
➔ 18. September 1965: Weltpremiere auf der IAA in Frankfurt
➔ Dezember 1966: Start der Serienfertigung und der 100.000. Porsche-Sportwagen wird als 911 Targa in Polizeiausführung an das Land Baden-Württemberg ausgeliefert
➔ Vier Dachvariationen in einem: Hardtop, Voyage, Bel Air und Spyder
➔ Faltbare Kunststoff-Heckscheibe (Softwindow bis 1970), ab 1969 serienmäßig feste Heckscheibe aus Sicherheitsglas
➔ Luftgekühlter 6-Zylinder-Boxermotor mit 1,9 Litern Hubraum
➔ Leistung: 96 kW (130 PS), 911 S: 118 kW (160 PS), Vierzylinder-Variante 912: 66 kW (90 PS)
➔ Beschleunigung 0–100 km/h: 9,1 Sek.
➔ Höchstgeschwindigkeit: 210 km/h
➔ Listenpreis 1966: DM 22.380

„Vier in einem“: Der neue Targa wird für den Genuss von Sommersonne und Sternenhimmel angeboten – die ursprüngliche Idee beinhaltet das Softwindow, mit dem Targa 2,2 von 1970 hält die Panorama-Heckscheibe Einzug.

DER 911 TARGA I UR-911
SIZILIANISCHER FRÜHLING

Mit dem 911 Targa beschreitet Porsche erstmals den Mittelweg zwischen einem Cabriolet und einem Coupé. In Ermangelung einer Alternative zum 356 Cabriolet wird der Überrollbügel aus dem Motorsport innovativ umgestaltet und beim 911 als feststehendes Karosserieelement aus Nirostastahl verwendet. Als erstes Sicherheitscabriolet der Welt mit feststehendem Überrollbügel verfügt die erste Generation des 911 Targa über ein herausnehmbares Faltdach und eine herunterklappbare Kunststoffheckscheibe, die ein völlig neues Fahrgefühl in einem offenen Porsche ermöglicht.

Das Targa-Konzept steht für ein neues automobiles Frischluftvergnügen und eine ebenso neue Vielfalt für offene Fahrzeuge: Dach und Heckscheibe können entweder komplett geschlossen, völlig offen oder jeweils nur mit herausgenommenem Dachmittelstück oder heruntergeklappter Heckscheibe verwendet werden. Der Targa mit seinem Überrollschutz bietet zur richtigen Zeit das entscheidende Fahrzeugkonzept an, denn nahezu parallel starten auf dem amerikanischen Markt Diskussionen über steigende Sicherheitsanforderungen bei offenen Automobilen. Den Sicherheitsfaktor im Blick, wird nicht nur der Überrollbügel aus dem Rennsport durch Chefdesigner F. A. Porsche übernommen. Auch im Namen selbst steckt die direkte Verbindung zum Motorsport, die das Fahrzeugkonzept stimmig macht. Doch die Suche nach der richtigen Modellbezeichnung gestaltet sich für den damaligen Porsche-Verkaufsleiter Harald Wagner und sein Team durchaus als Herausforderung. So geht das Verkaufsteam alle Rennstrecken weltweit durch, auf denen Porsche besonders erfolgreich gewesen ist, und wird schließlich beim Straßenrennen auf Sizilien fündig.

Porsche feiert bei der Targa Florio seit Mitte der 1950er-Jahre große Motorsport-Erfolge und hat 1959 mit Edgar Barth und Wolfgang Seidel im Porsche 718 RSK den ersten Weltmeisterschaftslauf für sich entscheiden können – zum ersten Mal belegt Porsche hier auch alle vier ersten Plätze vor Konkurrent Ferrari. Kurzfristig steht als Modellbezeichnung „911 Flori" im Raum, bis Wagner eher beiläufig die Namensfrage entscheidet: „Warum sagen wir eigentlich nicht nur Targa?" Dass der Begriff im Italienischen auch noch „Schild" bedeutet, fällt erst den Textern des Verkaufsprospekts ein, so will es die Legende.
Im August 1965 meldet Porsche das Targa-Konzept zum Patent an. Ab Herbst 1966 ergänzt der Targa beim 911, 911 S und dem 912 die bisherige Coupé-Ausführung und findet damit Anklang bei den Kunden. Der Aufpreis zum Coupé beträgt ca. 1.500 D-Mark. Nach einigen Startschwierigkeiten mit Wassereintritt und Windgeräuschen läuft die Serienproduktion des 911 Targa auf der Montagelinie in Stuttgart-Zuffenhausen erst im Dezember 1966 an. Ab Januar 1967 geht der 911 Targa zunächst mit der Softwindow-Variante in den Verkauf. Die flexible Kunststoff-Heckscheibe ist mit einem Reißverschluss befestigt und kann nach unten gefaltet werden. Ab dem Modelljahr 1968 ist der Targa auf Wunsch mit einer fest eingebauten, beheizbaren Panorama-Heckscheibe aus Sicherheitsglas erhältlich, die mit dem Modelljahr 1969 zum Standard wird. Die herunterklappbare PVC-Heckscheibe ist noch ein Jahr lang gegen Aufpreis erhältlich.

Der 911 Targa ist fester Bestandteil der Porsche-Modellpalette, auch als im Jahr 1982 mit dem 911 SC wieder ein Cabriolet angeboten wird. Die Panorama-Heckscheibe begleitet den 911 Targa nahezu unverändert bis zum Jahr 1993, als das Targa-Konzept den markanten Bügel verliert.

PRESSE-MITTEILUNG

PORSCHE

SPERRFRIST 6. September

DER PORSCHE TARGA 911, 912

DAS ERSTE SERIENMÄSSIGE SICHERHEITSCABRIOLET DER WELT

"Porsche Targa" heißt das jüngste Modell unseres Hauses, das der Öffentlichkeit erstmals auf der Internationalen Automobil-ausstellung in Frankfurt vorgestellt wird.

Der "Targa" ist weder ein Cabriolet noch ein Coupé, weder ein Hardtop noch eine Limousine, sondern etwas völlig Neues.

Mit ihm stellen wir nicht nur ein neues Auto vor, sondern eine neue Idee:

Die Anwendung eines Sicherheitsbügels in der Serienproduktion und damit das erste Sicherheitscabriolet der Welt.

Wir nannten es Targa zur Erinnerung an die Targa Florio, jenes traditionsreichen Langstreckenrennens in den sizilianischen Bergen, wo sich unsere Wagen seit über 10 Jahren härtesten sportlichen Zerreißproben aussetzen, zur Erinnerung aber auch an die landschaftlich so reizvolle Lage dieser Rennstrecke, an den sizilianischen Frühling, die südliche Sonne, die sommerlichen Temperaturen, das blaue Meer - kurz jene Attribute, die man mit "Cabriolet-Fahren" wohl nicht zu Unrecht in Verbindung bringt. Last not least verbirgt sich hinter dem italienischen Wort "Targa" das deutsche Wort "Schild", und der Sicherheitsbügel stellt ja tatsächlich eine Art Schutzschild für die Fahrgäste dar.

So wie einst Scheibenbremsen und Einzelradaufhängung nur im Rennwagenbau angewendet wurden, so war bisher der Sturzbügel ausschließlich bei Grand-Prix-Wagen und Prototypen zu finden. Ja, er war sogar im internationalen Automobilsport seit einigen Jahren Vorschrift, da er nachweislich für offene Wagen einen Sicherheitsfaktor par excellence darstellt. Porsche ist es nun vorbehalten, als erstes Automobilwerk der Welt diesen "Sicherheitsbügel", (im amerikanischen "rollbar"), der Serienproduktion zugänglich zu machen, und hat dies bereits beim "Targa" realisiert.

Diese Sicherheitsbügel-Konzeption kann aus zwei Gründen als bahnbrechend im Cabriolet-Bau angesehen werden:
Einmal garantiert sie ein bisher beim offenen Wagen unbekanntes Maß an Sicherheit, zum anderen eröffnet sie völlig neue Variationsmöglichkeiten und Fahrzustände, die weit über den herkömmlichen Komfort von Cabriolets hinausgehen.

./2

7 STUTTGART-ZUFFENHAUSEN PORSCHESTRASSE 42 TELEFON 0711/89141 TELEX PORSCHEAUTO 072/3521

347 50 M 6.65 Gl.

PRESSE-MITTEILUNG

PORSCHE

- 2 -

Variationsmöglichkeiten:

1. Targa Spyder

Die völlig offene Version, d.h. ohne Dach und mit heruntergeklappter Heckpartie, wird karosseriemäßig geprägt durch den Sicherheitsbügel und erhält dadurch eine neue stilistische Note, ein völlig neues Gesicht. Die solide Kastenbauweise des Bügels aus Nirosta-Stahl stellt vor allem bei Überrollunfällen einen echten Schutz dar. Das Auto gewährleistet also ein Höchstmaß an Sicherheit und gleichzeitig alle Annehmlichkeiten eines echten offenen Sportwagens, in dem man Sommersonne und Sternenhimmel völlig frei genießen kann.

2. Targa Hardtop

Mit einem festen Dachaufsatz, aus schwarzem, äußerst strapazierfähigem Kunstleder, wird der Targa zum Hardtop. In Minutenschnelle wird dieser Aufsatz mit einem Schnellverschluß am Bügel und der Windschutzscheibe befestigt. Durch die großflächige, durchsichtige Heckpartie wirkt der Innenraum erheblich heller und freundlicher als man dies bisher bei einem Hardtop gewohnt war.

3. Targa Voyage

Anstelle des festen Dachaufsatzes gibt es ein zusätzliches zusammenklappbares Schnelldach für die Reise, das bei Sonnenschein zusammengerollt im Wagen liegt und bei Wetterumsturz im Handumdrehen zwischen Bügel und Windschutzscheibe eingespannt wird.

4. Targa Bel Air

Hier kann man entweder die Heckpartie am Platze lassen und ohne Dach, d.h. "oben ohne", wie in einem Riesenschiebedach fahren und Luft und Sonne von oben genießen, oder man läßt das Dach am Platze und löst mit einem einzigen Reißverschlußgriff die Heckpartie, sitzt auf diese Weise im Schatten und gleichzeitig im angenehmen Fahrtwind, eine Möglichkeit, die man vor allem bei extremen Hitzeverhältnissen in südlichen Ländern schätzen wird.

Der Porsche Targa wird in 911- und 912-Ausführung gebaut und im Frühjahr 1966 zur Auslieferung kommen. Der endgültige Preis liegt noch nicht fest, dürfte aber ca. DM 1.500,-- über den Coupé-Ausführungen liegen.

Nr. 18

1. September 1965

7 STUTTGART-ZUFFENHAUSEN PORSCHESTRASSE 42 TELEFON 0711/89141 TELEX PORSCHEAUTO 072/3521

347 50 M 6.65 Gl.

Die Porsche-Pressemitteilung vom 1. September 1965 benennt den Targa als erstes serienmäßiges Sicherheitscabriolet der Welt mit feststehendem Sicherheitsbügel und beschreibt das neue Fahrgefühl. Als Herleitung der bahnbrechenden Innovation dient ein direkter Bezug zum Motorsport als Erprobungsplattform – ein nachvollziehbares Einsatzgebiet für einen Sicherheitsfaktor par excellence.

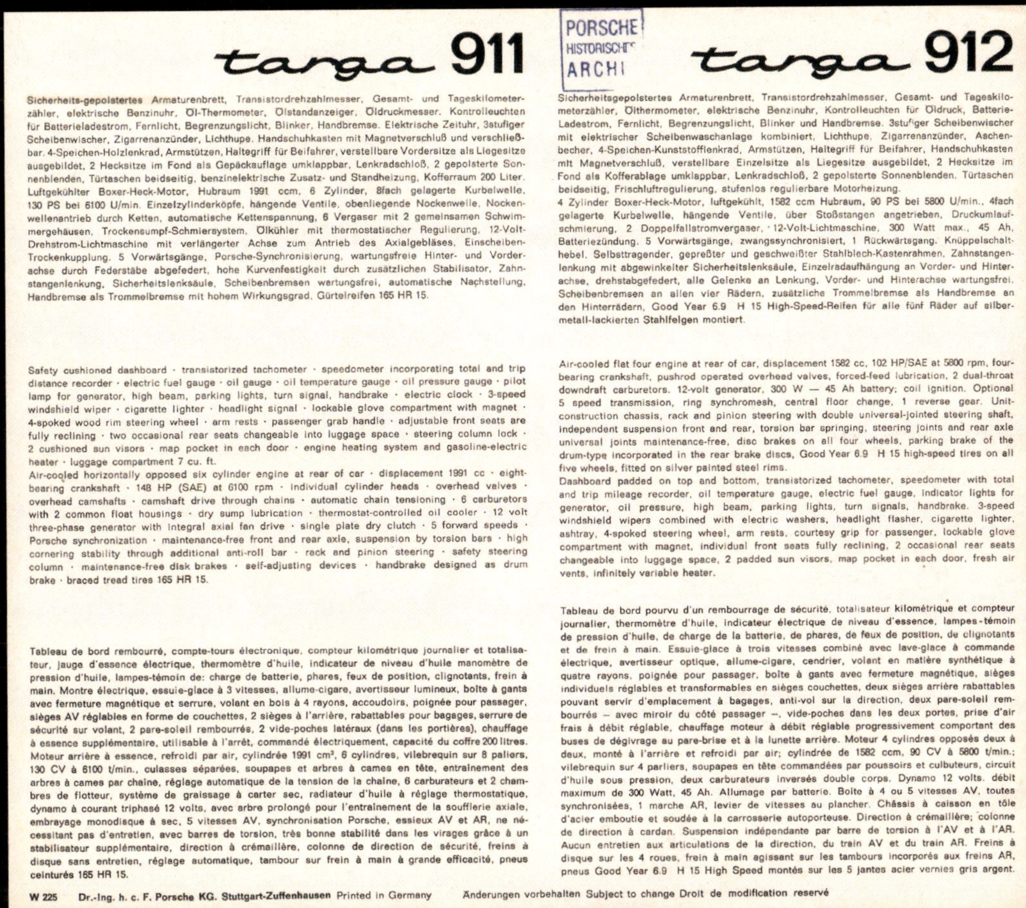

targa 911

Sicherheits-gepolstertes Armaturenbrett, Transistordrehzahlmesser, Gesamt- und Tageskilometerzähler, elektrische Benzinuhr, Öl-Thermometer, Ölstandanzeiger, Öldruckmesser. Kontrolleuchten für Batterieladestrom, Fernlicht, Begrenzungslicht, Blinker, Handbremse. Elektrische Zeituhr, 3stufiger Scheibenwischer, Zigarrenanzünder, Lichthupe. Handschuhkasten mit Magnetverschluß und verschließbar. 4-Speichen-Holzlenkrad, Armstützen, Haltegriff für Beifahrer, verstellbare Vordersitze als Liegesitze ausgebildet, 2 Hecksitze im Fond als Gepäckauflage umklappbar, Lenkradschloß, 2 gepolsterte Sonnenblenden, Türtaschen beidseitig, benzinelektrische Zusatz- und Standheizung, Kofferraum 200 Liter. Luftgekühlter Boxer-Heck-Motor, Hubraum 1991 ccm, 6 Zylinder, 8fach gelagerte Kurbelwelle, 130 PS bei 6100 U/min. Einzelzylinderköpfe, hängende Ventile, obenliegende Nockenwelle, Nockenwellenantrieb durch Ketten, automatische Kettenspannung, 6 Vergaser mit 2 gemeinsamen Schwimmergehäusen, Trockensumpf-Schmiersystem. Ölkühler mit thermostatischer Regulierung, 12-Volt-Drehstrom-Lichtmaschine mit verlängerter Achse zum Antrieb des Axialgebläses, Einscheiben-Trockenkupplung. 5 Vorwärtsgänge, Porsche-Synchronisierung, wartungsfreie Hinter- und Vorderachse durch Federstäbe abgefedert, hohe Kurvenfestigkeit durch zusätzlichen Stabilisator, Zahnstangenlenkung, Sicherheitslenksäule, Scheibenbremsen wartungsfrei, automatische Nachstellung, Handbremse als Trommelbremse mit hohem Wirkungsgrad. Gürtelreifen 165 HR 15.

Safety cushioned dashboard · transistorized tachometer · speedometer incorporating total and trip distance recorder · electric fuel gauge · oil gauge · oil temperature gauge · oil pressure gauge · pilot lamp for generator, high beam, parking lights, turn signal, handbrake · electric clock · 3-speed windshield wiper · cigarette lighter · headlight signal · lockable glove compartment with magnet · 4-spoked wood rim steering wheel · arm rests · passenger grab handle · adjustable front seats are fully reclining · two occasional rear seats changeable into luggage space · steering column lock · 2 cushioned sun visors · map pocket in each door · engine heating system and gasoline-electric heater · luggage compartment 7 cu. ft.
Air-cooled horizontally opposed six cylinder engine at rear of car · displacement 1991 cc · eight-bearing crankshaft · 148 HP (SAE) at 6100 rpm · individual cylinder heads · overhead valves · overhead camshafts · camshaft drive through chains · automatic chain tensioning · 6 carburetors with 2 common float housings · dry sump lubrication · thermostat-controlled oil cooler · 12 volt three-phase generator with integral axial fan drive · single plate dry clutch · 5 forward speeds · Porsche synchronization · maintenance-free front and rear axle, suspension by torsion bars · high cornering stability through additional anti-roll bar · rack and pinion steering · safety steering column · maintenance-free disk brakes · self-adjusting devices · handbrake designed as drum brake · braced tread tires 165 HR 15.

Tableau de bord rembourré, compte-tours électronique, compteur kilométrique journalier et totalisateur, jauge d'essence électrique, thermomètre d'huile, indicateur de niveau d'huile manomètre de pression d'huile, lampes-témoin de: charge de batterie, phares, feux de position, clignotants, frein à main. Montre électrique, essuie-glace à 3 vitesses, allume-cigare, avertisseur lumineux, boîte à gants avec fermeture magnétique et serrure, volant en bois à 4 rayons, accoudoirs, poignée pour passager, sièges AV réglables en forme de couchettes, 2 sièges à l'arrière, rabattables pour bagages, serrure de sécurité sur volant, 2 pare-soleil rembourrés, 2 vide-poches latéraux (dans les portières), chauffage à essence supplémentaire, utilisable à l'arrêt, commandé électriquement, capacité du coffre 200 litres. Moteur arrière à essence, refroidi par air, cylindrée 1991 cm³, 6 cylindres, vilebrequin sur 8 paliers, 130 CV à 6100 t/min., culasses séparées, soupapes et arbres à cames en tête, entraînement des arbres à cames par chaîne, réglage automatique de la tension de la chaîne, 6 carburateurs et 2 chambres de flotteur, système de graissage à carter sec, radiateur d'huile à réglage thermostatique, dynamo à courant triphasé 12 volts, avec arbre prolongé pour l'entraînement de la soufflerie axiale, embrayage monodisque à sec, 5 vitesses AV, synchronisation Porsche, essieux AV et AR, ne nécessitant pas d'entretien, avec barres de torsion, très bonne stabilité dans les virages grâce à un stabilisateur supplémentaire, direction à crémaillère, colonne de direction de sécurité, freins à disque sans entretien, réglage automatique, tambour sur frein à main à grande efficacité, pneus ceinturés 165 HR 15.

PORSCHE HISTORISCH[E]S ARCHI[V]

targa 912

Sicherheitsgepolstertes Armaturenbrett, Transistordrehzahlmesser, Gesamt- und Tageskilometerzähler, Ölthermometer, elektrische Benzinuhr, Kontrolleuchten für Öldruck, Batterie-Ladestrom, Fernlicht, Begrenzungslicht, Blinker und Handbremse. 3stufiger Scheibenwischer mit elektrischer Scheibenwaschanlage kombiniert, Lichthupe, Zigarrenanzünder, Aschenbecher, 4-Speichen-Kunststofflenkrad, Armstützen, Haltegriff für Beifahrer, Handschuhkasten mit Magnetverschluß, verstellbare Einzelsitze als Liegesitze ausgebildet, 2 Hecksitze im Fond als Kofferablage umklappbar, Lenkradschloß, 2 gepolsterte Sonnenblenden. Türtaschen beidseitig, Frischluftregulierung, stufenlos regulierbare Motorheizung.
4 Zylinder Boxer-Heck-Motor, luftgekühlt, 1582 ccm Hubraum, 90 PS bei 5800 U/min., 4fach gelagerte Kurbelwelle, hängende Ventile, über Stoßstangen angetrieben, Druckumlaufschmierung, 2 Doppelfallstromvergaser, 12-Volt-Lichtmaschine, 300 Watt max., 45 Ah, Batteriezündung. 5 Vorwärtsgänge, zwangssynchronisiert, 1 Rückwärtsgang. Knüppelschalthebel. Selbsttragender, gepreßter und geschweißter Stahlblech-Kastenrahmen, Zahnstangenlenkung mit abgewinkelter Sicherheitslenksäule, Einzelradaufhängung an Vorder- und Hinterachse, drehstabgefedert, alle Gelenke an Lenkung, Vorder- und Hinterachse wartungsfrei, Scheibenbremsen an allen vier Rädern, zusätzliche Trommelbremse als Handbremse an den Hinterrädern, Good Year 6.9 H 15 High-Speed-Reifen für alle fünf Räder auf silbermetall-lackierten Stahlfelgen montiert.

Air-cooled flat four engine at rear of car, displacement 1582 cc, 102 HP/SAE at 5800 rpm, four-bearing crankshaft, pushrod operated overhead valves, forced-feed lubrication, 2 dual-throat downdraft carburetors. 12-volt generator, 300 W — 45 Ah battery; coil ignition. Optional 5 speed transmission, ring synchromesh, central floor change, 1 reverse gear. Unit-construction chassis, rack and pinion steering with double universal-jointed steering shaft, independent suspension front and rear, torsion bar springing, steering joints and rear axle universal joints maintenance-free, disc brakes on all four wheels, parking brake of the drum-type incorporated in the rear brake discs, Good Year 6.9 H 15 high-speed tires on all five wheels, fitted on silver painted steel rims.
Dashboard padded on top and bottom, transistorized tachometer, speedometer with total and trip mileage recorder, oil temperature gauge, electric fuel gauge, indicator lights for generator, oil pressure, high beam, parking lights, turn signals, handbrake. 3-speed windshield wipers combined with electric washers, headlight flasher, cigarette lighter, ashtray, 4-spoked steering wheel, arm rests, courtesy grip for passenger, lockable glove compartment with magnet, individual front seats fully reclining, 2 occasional rear seats changeable into luggage space, 2 padded sun visors, map pocket in each door, fresh air vents, infinitely variable heater.

Tableau de bord pourvu d'un rembourrage de sécurité, totalisateur kilométrique et compteur journalier, thermomètre d'huile, indicateur électrique de niveau d'essence, lampes-témoin de pression d'huile, de charge de la batterie, de phares, de feux de position, de clignotants et de frein à main. Essuie-glace à trois vitesses combiné avec lave-glace à commande électrique, avertisseur optique, allume-cigare, cendrier, volant en matière synthétique à quatre rayons, poignée pour passager, boîte à gants avec fermeture magnétique, sièges individuels réglables et transformables en sièges couchettes, deux sièges arrière rabattables pouvant servir d'emplacement à bagages, anti-vol sur la direction, deux pare-soleil rembourrés – avec miroir du côté passager –, vide-poches dans les deux portes, prise d'air frais à débit réglable, chauffage moteur à débit réglable progressivement comportant des buses de dégivrage au pare-brise et à la lunette arrière. Moteur 4 cylindres opposés deux à deux, monté à l'arrière et refroidi par air; cylindrée de 1582 ccm, 90 CV à 5800 t/min.; vilebrequin sur 4 parliers, soupapes en tête commandées par poussoirs et culbuteurs, circuit d'huile sous pression, deux carburateurs inversés double corps. Dynamo 12 volts, débit maximum de 300 Watt, 45 Ah. Allumage par batterie. Boîte à 4 ou 5 vitesses AV, toutes synchronisées, 1 marche AR, levier de vitesses au plancher. Châssis à caisson en tôle d'acier emboutie et soudée à la carrosserie autoporteuse. Direction à crémaillère; colonne de direction à cardan. Suspension indépendante par barre de torsion à l'AV et à l'AR. Aucun entretien aux articulations de la direction, du train AV et du train AR. Freins à disque sur les 4 roues, frein à main agissant sur les tambours incorporés aux freins AR, pneus Good Year 6.9 H 15 High Speed montés sur les 5 jantes acier vernies gris argent.

W 225 Dr.-Ing. h. c. F. Porsche KG. Stuttgart-Zuffenhausen Printed in Germany Änderungen vorbehalten Subject to change Droit de modification reservé

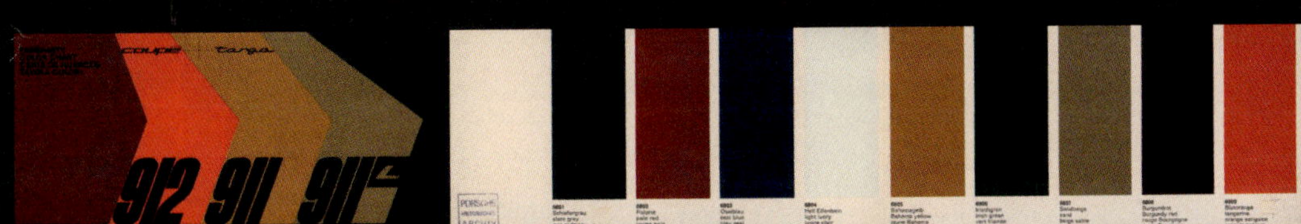

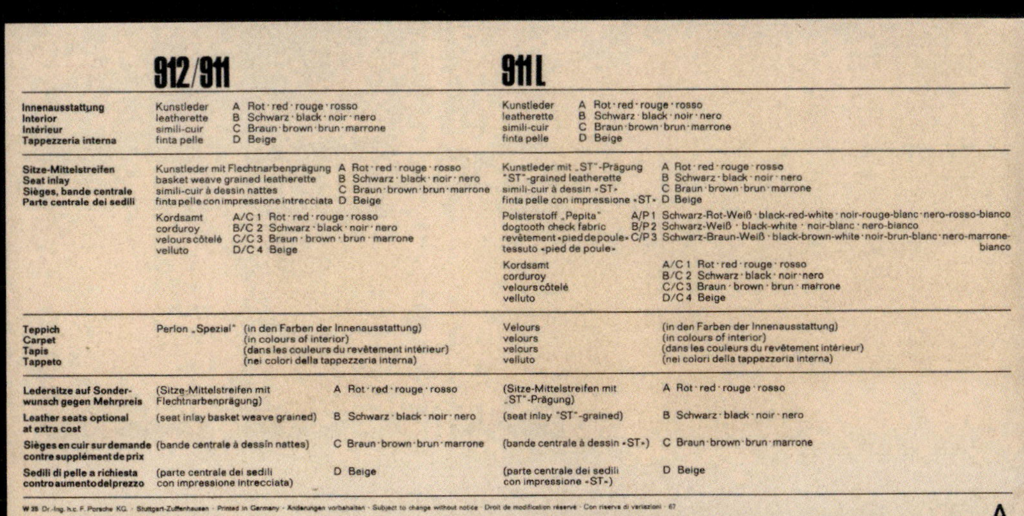

	912/911		911 L	
Innenausstattung **Interior** **Intérieur** **Tappezzeria interna**	Kunstleder leatherette simili-cuir finta pelle	A Rot · red · rouge · rosso B Schwarz · black · noir · nero C Braun · brown · brun · marrone D Beige	Kunstleder leatherette simili-cuir finta pelle	A Rot · red · rouge · rosso B Schwarz · black · noir · nero C Braun · brown · brun · marrone D Beige
Sitze-Mittelstreifen **Seat inlay** **Sièges, bande centrale** **Parte centrale dei sedili**	Kunstleder mit Flechtnarbenprägung basket weave grained leatherette simili-cuir à dessin nattes finta pelle con impressione intrecciata	A Rot · red · rouge · rosso B Schwarz · black · noir · nero C Braun · brown · brun · marrone D Beige	Kunstleder mit „ST"-Prägung "ST"-grained leatherette simili-cuir à dessin «ST» finta pelle con impressione «ST»	A Rot · red · rouge · rosso B Schwarz · black · noir · nero C Braun · brown · brun · marrone D Beige
	Kordsamt corduroy velours côtelé velluto	A/C 1 Rot · red · rouge · rosso B/C 2 Schwarz · black · noir · nero C/C 3 Braun · brown · brun · marrone D/C 4 Beige	Polsterstoff „Pepita" dogtooth check fabric revêtement «pied de poule» tessuto «pied de poule»	A/P 1 Schwarz-Rot-Weiß · black-red-white · noir-rouge-blanc · nero-rosso-bianco B/P 2 Schwarz-Weiß · black-white · noir-blanc · nero-bianco C/P 3 Schwarz-Braun-Weiß · black-brown-white · noir-brun-blanc · nero-marrone-bianco
			Kordsamt corduroy velours côtelé velluto	A/C 1 Rot · red · rouge · rosso B/C 2 Schwarz · black · noir · nero C/C 3 Braun · brown · brun · marrone D/C 4 Beige
Teppich **Carpet** **Tapis** **Tappeto**	Perlon „Spezial"	(in den Farben der Innenausstattung) (in colours of interior) (dans les couleurs du revêtement intérieur) (nei colori della tappezzeria interna)	Velours velours velours velluto	(in den Farben der Innenausstattung) (in colours of interior) (dans les couleurs du revêtement intérieur) (nei colori della tappezzeria interna)
Ledersitze auf Sonderwunsch gegen Mehrpreis	(Sitze-Mittelstreifen mit Flechtnarbenprägung)	A Rot · red · rouge · rosso	(Sitze-Mittelstreifen mit „ST"-Prägung)	A Rot · red · rouge · rosso
Leather seats optional at extra cost	(seat inlay basket weave grained)	B Schwarz · black · noir · nero	(seat inlay "ST"-grained)	B Schwarz · black · noir · nero
Sièges en cuir sur demande contre supplément de prix	(bande centrale à dessin nattes)	C Braun · brown · brun · marrone	(bande centrale à dessin «ST»)	C Braun · brown · brun · marrone
Sedili di pelle a richiesta contro aumento del prezzo	(parte centrale dei sedili con impressione intrecciata)	D Beige	(parte centrale dei sedili con impressione «ST»)	D Beige

W 25 Dr.-Ing. h.c. F. Porsche KG. · Stuttgart-Zuffenhausen · Printed in Germany · Änderungen vorbehalten · Subject to change without notice · Droit de modification réservé · Con riserva di variazioni · 67

A

Die erste Targa-Farbkarte für das Modelljahr 1968 enthält neun Farben für die Modelle 912 Coupé, 911 Targa und den 911 L (rechte Bildseite).

Farbenfroh: Der 911 Targa zeigt Mut, er verändert das Stadtbild in den deutschen Metropolen und auch weltweit. Anfang der 1970er-Jahre hat die Targa-Variante einen Anteil an den Gesamtverkaufszahlen von über 40 Prozent.

For years, roll bars have been standard equipment on all racing cars. In the Targa—appropriately named for the grueling Sicilian mountain road race in which so many of Porsche's advanced-engineering ideas have been proven—this remarkably logical racing-car ingredient provides vital protection for driver and passengers. It gives the Targa's unitized body-chassis combination the strength and rigidity of the Porsche coupe. It also makes possible the unique variations in openness provided by the Targa: fully open, top down, rear window down, fully closed.

The new Porsche Targa, available in the 912, 911 and 911L models, has the same confidence-inspiring stability and maneuverability inherent in every Porsche. Like all Porsches, it is a rugged, competition-developed vehicle, designed to be driven hard and fast—with maximum safety.

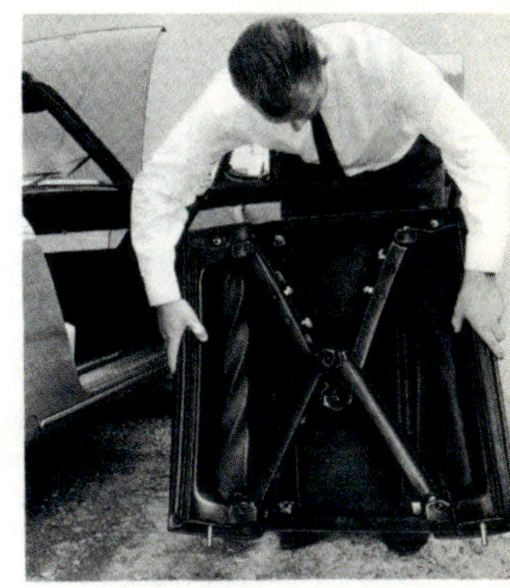

7

DER 911 TARGA
G-SERIE

Bauzeit G-Serie:	09/1973 bis 07/1989
Modelljahre:	1974 bis 1989, intern: G- bis M-Serie, ab 1980: A-Programm bis K-Programm
911 Targa:	57.371 Einheiten
911 Coupé:	110.781 Einheiten
911 Cabrio:	27.829 Einheiten (ab Ende 1982, zum Modelljahr 1983)

Auch die zweite 911-Generation hat von Beginn an einen Targa in ihrem Portfolio. Zehn Jahre nach Produktionsstart läuft ab Spätsommer 1973 die G-Serie vom Band, die tiefgreifende Änderungen zum Vorgänger aufweist. So sind an der Karosserie wie auch an der Technik nachhaltige Modifikationen vorgenommen worden. Bis zum Jahr 1989, also 16 Jahre lang, wird Porsche das beliebte Modell herstellen.

Die Highlights:

- → 1973: Präsentation mit einer um 144 Millimeter längeren Karosserie
- → Serienmäßig manuelles Vierganggetriebe, optional: fünf Gänge
- → Der Targa-Bügel erhält seine charakteristischen drei Lüftungsschlitze und ist ab 1975 in gebürstetem Edelstahl und in schwarz erhältlich
- → Das herausnehmbare, starre Aluminiumdach wird ab 1974 wieder serienmäßig mit einem faltbaren Stoffverdeck ausgestattet
- → Strengere US-Sicherheitsvorschriften: Entwicklung der Faltenbalg-Stoßfänger mit Gummilippe als Aufprallschutz vor der Fronthaube
- → Luftgekühlter 6-Zylinder-Boxermotor mit 2,7 Litern Hubraum
- → Leistung: 110 kW (150 PS), 911 S: 129 kW (175 PS), 911 C: 148 kW (210 PS)
- → Beschleunigung 0–100 km/h: 8,5 Sek.
- → Höchstgeschwindigkeit: 210 km/h
- → Listenpreis 1973: DM 28.980

Unbefugten
Zutritt verboten

Nr. 139/März 1976
christophorus

DER 911 TARGA I G-SERIE
INVESTITION IN DIE EIGENE INNOVATIONSKRAFT

Im Jahr 1973 ist die Welt in Aufruhr: Die Ölpreiskrise hat weitreichende gesamtwirtschaftliche Auswirkungen und lässt Energie knapp, teuer und zum Politikum werden. Durch das Öl-Embargo der erdölexportierenden arabischen Staaten (OAPEC) infolge des Jom-Kippur-Kriegs kommt die Wirtschaft im Westen zum Erliegen. Die damalige Bundesregierung unter Kanzler Willy Brandt muss handeln und überdenkt die eigene Energiepolitik. Die Maßnahmen sorgen für weitere Verunsicherung: Fahrverbote werden verhängt, auf deutschen Autobahnen wird flächendeckend Tempo 100 eingeführt, es gibt autofreie Sonntage und dazu Tipps zum sparsamen Umgang mit Strom. Die deutsche Automobilindustrie bricht unter den Folgen der Krise ein und auch Porsche bekommt die wirtschaftliche Schieflage zu spüren: 1974 gehen die Bestellungen um rund 40 Prozent zurück, beim 911 sind rund 30 Prozent zu verzeichnen. Trotz schwieriger Wirtschaftslage setzt der Sportwagen-Hersteller auf sein Zugpferd. Porsche beweist unternehmerischen Mut, entwickelt kontinuierlich neue Modellvarianten und investiert in die eigene Innovationsfähigkeit.

Eine neue Gesetzgebung in den USA fordert höhergesetzte Stoßfänger, um bei einem möglichen Aufprall Stöße bis fünf Meilen pro Stunde ohne Schäden an der Karosserie absorbieren zu können. Für die neue Sportwagen-Generation aus Zuffenhausen wird die technische Anforderung über neue, kastenförmige Stoßfänger mit schwarzen Faltenbälgen an der Seite gelöst. Dadurch können Aufprallstöße mit einer Geschwindigkeit von bis zu 8 km/h ohne Beschädigungen an der Karosserie aufgenommen werden. Zwischen den Rückleuchten am Heck befindet sich ab sofort ein rotes, nicht-reflektierendes Leuchtband mit schwarzem Porsche-Schriftzug. Die hintere Nummerntafel ist zwischen zwei Gummipuffern direkt auf den Stoßfänger geschraubt und verfügt über eine integrierte Beleuchtung. Unter der Motorhaube im Heck verfügt der Sechszylinder-Boxermotor nun über 2,7 Liter Hubraum, eine neue K-Jetronic-Benzineinspritzung sowie je nach Variante über 150, 175 oder 210 PS. Serienmäßig werden im Interieur Dreipunkt-Sicherheitsgurte eingeführt und die Vordersitze mit integrierten Kopfstützen ausgestattet. Ins neue Sportlenkrad integriert Porsche eine großzügige Prallfläche, in den Türen neue Ablagekästen mit Klappdeckel. Der 911 Carrera erhält ein Dreispeichen-Lederlenkrad und elektrische Fensterheber.

Den Modellen 911, 911 S und dem Topmodell 911 Carrera wird zusätzlich der 911 Turbo vom Typ 930 zur Seite gestellt, der als neues Spitzenmodell auf dem Pariser Autosalon im Oktober 1974, auf dem Höhepunkt der Rezession, präsentiert wird: Mit einem 3,0-Liter-Sechszylinder-Boxermotor mit Einspritzung, Abgasturbolader und 260 PS ist er als Coupé ab März 1975 erhältlich. Ab dem Modelljahr 1978 wird die Modellpalette gestrafft, es gibt es den 911 SC als Coupé und Targa sowie das 911 Turbo Coupé. Eine dritte Karosserieform wird im September 1981 als Studie 911 Cabriolet präsentiert – ihre Auslieferung erfolgt schließlich im Januar 1982 als Porsche 911 SC Cabriolet. Damit hat Porsche nach 18 Jahren wieder ein Cabriolet im Produktangebot, der Targa bleibt jedoch fester Bestandteil der Modellpalette. Rund sechs Monate später benennt Porsche den 911 SC in 911 Carrera um. Ab Februar 1987 ist der 911 Turbo auch in den Karosserievarianten Targa und Cabriolet verfügbar.

Zu den Innovationen der G-Serie zählen neben den Faltenbalg-Stoßfängern die neue Feuerverzinkung, die ab 1975 die Karosserie und die Bodenblechgruppe vor Rost schützen soll. Dadurch wird die seit 1969 eingeführte Hohlraumkonservierung um einen umfangreichen Rostschutz erweitert. Ab dem Modelljahr 1981 erhöht Porsche die Langzeitgarantie gegen Durchrostung auf sieben Jahre, ab Modelljahr 1986 dann auf zehn Jahre und ist damit der erste Hersteller, der über diesen Zeitraum eine Garantie gegen Durchrostung gibt. Im gleichen Modelljahr vertreibt Porsche außerdem auf dem deutschen Markt einen Motor mit Katalysator, der mit bleifreiem Normalbenzin läuft und 207 PS leistet, ab Modelljahr 1987 leistet der Antrieb 217 PS. Die Bezeichnung G-Serie gilt eigentlich nur für das Modelljahr 1974. Im Folgejahr trägt der 911 intern den Namen H-Serie, es folgen 1976 die J-Serie, 1977 die K-Serie und so weiter. Ab 1980 wird die interne 911-Nomenklatur mit dem A-Programm weitergeführt, ab 1981 folgt dann das B-Programm und so fort.

Ende der 1970er-Jahre hält die zweite Ölpreiskrise Einzug und eine neue Generation von Porsche-Sportwagen mit Transaxle-Bauweise macht dem heckangetriebenen 911 interne Konkurrenz. Bei den Modellreihen liegt der Motor vorn und das Getriebe an der angetriebenen Hinterachse, die Varianten 924 und 928 verfügen über vier, der 928 über acht Zylinder. Die Modelle sollen eigentlich das Erfolgsmodell 911 ersetzen – sie schaffen es aber nicht, die Faszination des 911 mit luftgekühltem Boxermotor zu erreichen. 1989, im letzten Modelljahr der 911 G-Serie, werden insgesamt 104 Porsche 911 Turbo Targa gefertigt. In der 18-jährigen Bauzeit sind insgesamt 196.932 G-Modelle entstanden, der Targa hat mit 57.371 Einheiten einen Anteil von 29 Prozent am 911-Modellmix erreicht.

Die stetigen Modifikationen innerhalb der zweiten Generation des 911 umfassen den Zeitraum von 1973 bis 1989. Die äußere Gestalt der G-Serie behält weiter die klassische Form des Ur-911 mit runden Kotflügeln, steil stehenden Scheinwerfern und elegantem Heck. Jedoch wird das Karosseriedesign umfangreich überarbeitet und auch die Technik in immer kürzeren

Neue Optik: Mit der G-Serie erhält der Targa oberhalb der Modellbezeichnung die drei charakteristischen Lüftungsschlitze. Ab 1975 ist der Überrollbügel in gebürstetem Edelstahl und auch in Schwarz erhältlich, ab dem Modelljahr 1979 ist diese Farbe bei allen Targa-Modellen serienmäßig.

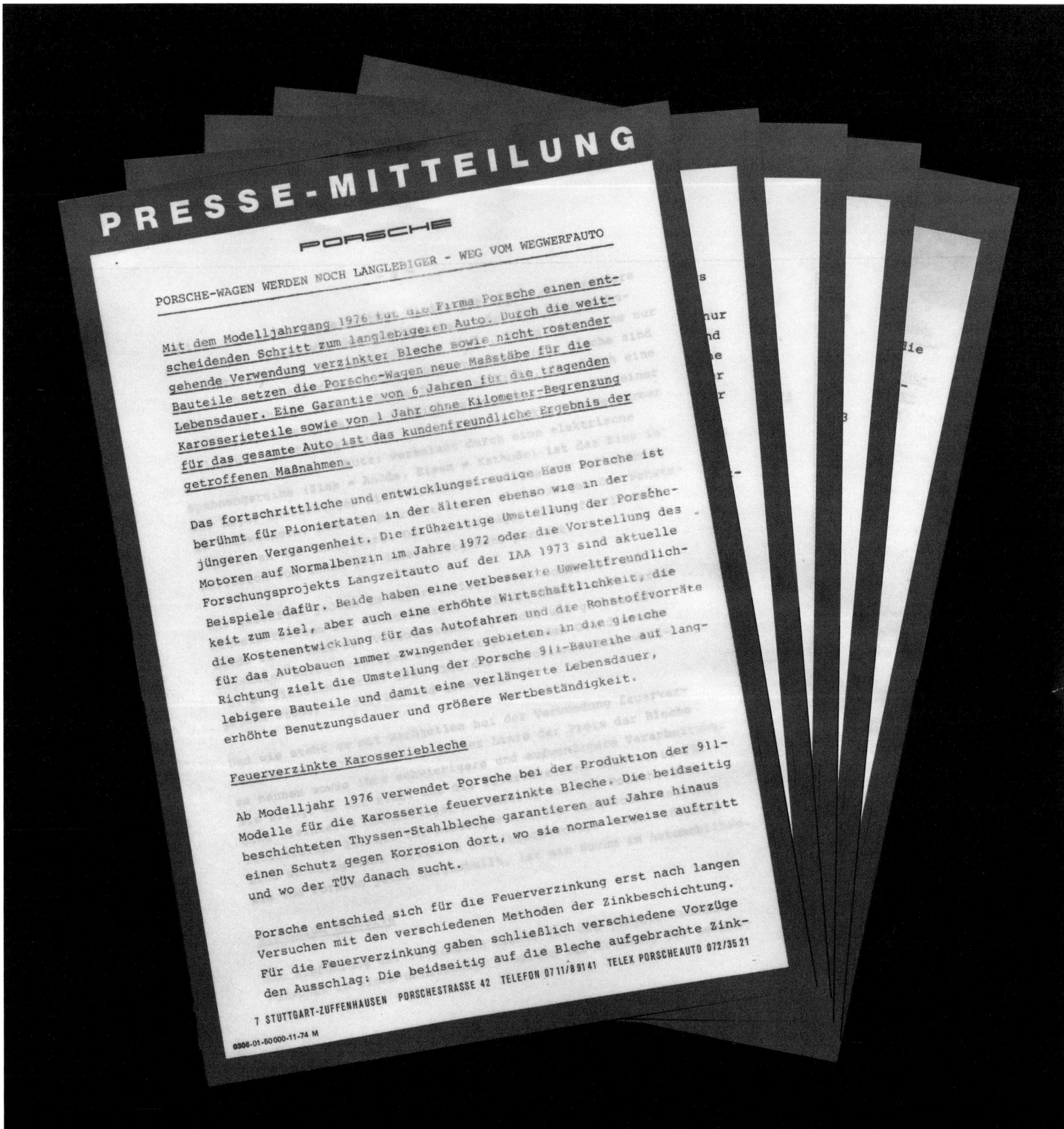

PRESSE-MITTEILUNG

PORSCHE

PORSCHE-WAGEN WERDEN NOCH LANGLEBIGER - WEG VOM WEGWERFAUTO

Mit dem Modelljahrgang 1976 tut die Firma Porsche einen entscheidenden Schritt zum langlebigeren Auto. Durch die weitgehende Verwendung verzinkter Bleche sowie nicht rostender Bauteile setzen die Porsche-Wagen neue Maßstäbe für die Lebensdauer. Eine Garantie von 6 Jahren für die tragenden Karosserieteile sowie von 1 Jahr ohne Kilometer-Begrenzung für das gesamte Auto ist das kundenfreundliche Ergebnis der getroffenen Maßnahmen.

Das fortschrittliche und entwicklungsfreudige Haus Porsche ist berühmt für Pioniertaten in der älteren ebenso wie in der jüngeren Vergangenheit. Die frühzeitige Umstellung der Porsche-Motoren auf Normalbenzin im Jahre 1972 oder die Vorstellung des Forschungsprojekts Langzeitauto auf der IAA 1973 sind aktuelle Beispiele dafür. Beide haben eine verbesserte Umweltfreundlichkeit zum Ziel, aber auch eine erhöhte Wirtschaftlichkeit, die die Kostenentwicklung für das Autofahren und die Rohstoffvorräte für das Autobauen immer zwingender gebieten. In die gleiche Richtung zielt die Umstellung der Porsche 911-Baureihe auf langlebigere Bauteile und damit eine verlängerte Lebensdauer, erhöhte Benutzungsdauer und größere Wertbeständigkeit.

Feuerverzinkte Karosseriebleche

Ab Modelljahr 1976 verwendet Porsche bei der Produktion der 911-Modelle für die Karosserie feuerverzinkte Bleche. Die beidseitig beschichteten Thyssen-Stahlbleche garantieren auf Jahre hinaus einen Schutz gegen Korrosion dort, wo sie normalerweise auftritt und wo der TÜV danach sucht.

Porsche entschied sich für die Feuerverzinkung erst nach langen Versuchen mit den verschiedenen Methoden der Zinkbeschichtung. Für die Feuerverzinkung gaben schließlich verschiedene Vorzüge den Ausschlag: Die beidseitig auf die Bleche aufgebrachte Zink-

7 STUTTGART-ZUFFENHAUSEN PORSCHESTRASSE 42 TELEFON 0711/89141 TELEX PORSCHEAUTO 072/3521

0308-01-50000-11-74 M

Vorreiterrolle: Porsche setzt schon Anfang der 1970er-Jahre auf verbesserte Umweltverträglichkeit und erhöhte Wirtschaftlichkeit. Technologische Maßnahmen im Sportwagenbau sollen zu einer verbesserten Lebens- und Nutzungsdauer des 911 führen, dabei zu weniger Wartungsaufwand und einer gleichzeitigen Wertsteigerung beitragen. Als korrosionsfreies Porsche-Bauteil wird auch der aus Nirostastahl gefertigte Targa-Bügel genannt.

Abständen modernisiert. Im Vergleich zum Urmodell ist die neue Carrera-Karosserie um insgesamt 42 Millimeter verbreitert, um die größere Bereifung an den hinteren Kotflügeln aufnehmen zu können. Zum Modelljahr 1974 präsentiert Porsche neben dem 911 Coupé den 911 Targa. Das faltbare Stoffverdeck ist zunächst nur gegen Aufpreis erhältlich und wird durch ein herausnehmbares, starres Aluminiumdach ersetzt. Diese Variante wird jedoch schon im darauf folgenden Jahr wieder rückgängig gemacht und der Targa serienmäßig erneut mit einem Faltdach ausgestattet. Unter Anatole Lapine, von 1969 bis 1988 Leiter des Designstudios „Style Porsche", verändert sich der 911 durch weniger Chromschmuck, aber zunehmend dunkle Details wie die mattschwarzen Fensterrahmen und Türgriffe sowie einen von tiefschwarzem Gummi umrahmten Heckspoiler. Der Targa-Bügel erhält mehrere optische Veränderungen: oberhalb der Modellbezeichnung werden die charakteristischen drei Lüftungsschlitze angebracht. Farblich ist der Überrollbügel ab 1975 nicht mehr nur in gebürstetem Edelstahl erhältlich, sondern künftig auch in Schwarz. Die Änderungen werden ab dem Modelljahr 1979 auf alle 911 Targa-Modelle übertragen.

DER 911 TARGA – G-SERIE

MEHR KOMFORT, LANGLEBIG, WIRTSCHAFTLICH

Nachdem das faltbare Stoffverdeck vorübergehend aufpreispflichtig war, wird es ab 1974 wieder serienmäßig angeboten. Das starre Aluminiumdach zum Herausnehmen kam bei den Targa-Kunden nicht gut an. Zusätzliche Modernisierungen am Karosseriedesign und im Interieur sollen die Langlebigkeit des 911 erhöhen – so wie die vollverzinkte Karosserie.

PRESSE-MITTEILUNG

PORSCHE

PORSCHE-PROGRAMM 1976

Noch komfortabler, noch wirtschaftlicher, noch langlebiger

Mit der "Dreier"-Modellpalette 911, Carrera und Turbo sind die Zuffenhausener Sportwagenproduzenten zu einer alten Haustradition zurückgekehrt. Traditionell sind auch ihre schon immer unter Beweis gestellten Bestrebungen, den Sportwagen trotz oder gerade wegen seiner Exklusivität "vernünftig" zu konzipieren. Vernünftig, das heißt

- außen kompakt
- innen komfortabel
- leistungsfähig
- sicher sowohl in aktiver als auch in passiver Hinsicht
- sparsam im Verbrauch
- bescheiden im Serviceanspruch
- robust
- langlebig.

An all diesen Punkten wurde für die 76er Porsche-Modelle mit der bekannten schwäbischen Liebe zum Detail gefeilt.

Das Ergebnis:

- die Motoren sind noch leiser geworden
- der Benzinverbrauch konnte insbesondere beim Carrera 3.0 weiter abgesenkt werden
- die Serienausstattung aller Modelle ist noch wertvoller geworden.

Die Kundenfreundlichkeit all dieser Maßnahmen gipfelt in den neuen Werks-Garantiefristen: Porsche-Fahrzeuge haben ab Modelljahr 76 neue Volljahresgarantie - ohne Einschränkung durch die Kilometerleistung.

7 STUTTGART 40 PORSCHESTRASSE 42 TELEFON 0711/8203-1 TELEX PORSCHEAUTO 07-22406

0306-01-50000-11-73

PRESSE-MITTEILUNG

PORSCHE

Unverbindliche Preisempfehlung für die Porsche-Modelle 1976.

Im Vergleich zu den unverbindlichen Preisempfehlungen des Porsche Jahrganges 75 haben sich die Preise kaum verändert. Zählt man aber die reichhaltigere Serienausstattung wie automatischen Heizungsregulierung beim Porsche Carrera 3.0 (bisher DM 690,-- Aufpreis) und die nunmehr im Grundpreis enthaltenen 50 % Reifen beim Turbo (bisher DM 800,-- Aufpreis) so kosten die Modelle Porsche Carrera und Porsche Turbo weniger als ihre Vorgänger. Der neue Porsche 911 liegt in Ausstattung, Leistung und auch im Preis genau zwischen den Vorgängermodellen 911 und 911 S. Die unverbindlichen Preisempfehlungen lauten:

Porsche 911 Coupé	165 PS	DM 34.350,--
Porsche 911 Targa	165 PS	DM 36.850,--
Porsche Carrera Coupé	200 PS	DM 44.950,--
Porsche Carrera Targa	200 PS	DM 46.950,--
Porsche Turbo	260 PS	DM 66.450,--

7 STUTTGART-ZUFFENHAUSEN PORSCHESTRASSE 42 TELEFON 0711/89141 TELEX PORSCHEAUTO 072/3521

0306-01-50000-11-74 M

Kompakte Abmessungen, sparsame Motoren, langlebige Technik: Wenn man der Pressemitteilung von 1975 glaubt, ist es durchaus vernünftig, einen Porsche zu fahren (links). Der Turbo setzt mit seinem gegenüber dem Basismodell fast doppelt so hohen Listenpreis ein deutliches Ausrufezeichen (rechts).

DER 911 TARGA – G-SERIE
FORTSCHRITT UND SCHWÄBISCHE DETAILVERLIEBTHEIT

Das Porsche-Modellprogramm des Jahres 1976 wird mit dem Motto „Porsche 911 – 11 Jahre Modellkonstanz“ beworben. Der Sportwagen aus Zuffenhausen wird gerade wegen seiner Exklusivität „vernünftig“ konzipiert und begründet mit den technischen Daten der Modelle 911, Carrera 3.0 und Turbo seinen Anspruch: Das Porsche-Fahren ist in all den Jahren wirtschaftlicher geworden, weil Technik, Fahrleistungen und Sicherheit in gleichem Maße weiterentwickelt werden konnten.

DER 911 TARGA
TYP 964

Bauzeit 964: 10/1989 bis 07/1993
Modelljahre: 1989 bis 1993, intern: K- bis P-Programm
911 Targa: 4.863 Einheiten
911 Coupé: 41.440 Einheiten
911 Cabrio: 17.459 Einheiten

Zum Modelljahr 1989 ist die dritte Generation des 911 verfügbar. Der 964 wird als erster allradgetriebener 911 Carrera 4 schon im Herbst 1988 präsentiert. Die klassische Karosserieform wird beibehalten, für einen modernen Look und mehr Effizienz werden am 964 fast 85 Prozent aller Teile neu entwickelt. Ein Jahr später ergänzt der Carrera 2 das Produktportfolio um einen Heckantrieb. Wie beim Vorgängermodell setzt Porsche beim 964 auf die Karosserievarianten Coupé, Cabriolet und Targa.

Die Highlights:

→ Erster 911 Carrera 4 Targa mit Allradantrieb
→ 85 Prozent aller Fahrzeugteile im 964 sind neu entwickelt
→ Aerodynamisch geformte Bug- und Heckteile, modifizierte Schwellerblenden und aerodynamisch optimierte Regenrinnen
→ Patent: neu entwickelter Heckspoiler fährt ab 80 km/h aus, sorgt für Abtrieb und verbessert die Kühlung des Motors
→ Windschlüpfrigster 911 mit einem c_w-Wert von 0,32
→ Luftgekühlter 6-Zylinder-Boxermotor mit 3,6 Litern Hubraum
→ Leistung: 184 kW (250 PS)
→ Beschleunigung 0–100 km/h: 5,7 Sek.
→ Höchstgeschwindigkeit: 260 km/h
→ Listenpreis 08/1989, Carrera 4 Targa: DM 121.800, Carrera 2 Targa: DM 108.700

DER 911 TARGA I TYP 964
DIE MODERNISIERUNG

Mit der dritten Generation wird der 911 grundlegend verändert, nahezu 85 Prozent des Typs 964 sind neu entwickelt. Die Herausforderungen: Die klassische Karosserieform des 911 soll beibehalten werden und sich optisch nicht weit von der G-Serie entfernen. Der 964 soll als nächste Sportwagengeneration einfach moderner aussehen und effizienter sein. Porsche will mit dem 964 mehr Kunden gewinnen, dazu sollen künftig auch Alltagsfahrer gehören. Also setzt man neben der bekannten Sportlichkeit auf mehr Komfortausstattung und Luxus. Bei der Neugestaltung wird die Karosserie aerodynamisch stark verbessert, Front- und Heckpartie werden zudem eleganter. Porsche kann den c_W-Wert deutlich auf 0,32 verbessern und den 964 damit zum windschlüpfrigsten luftgekühlten 911 machen. Dazu beigetragen haben die aerodynamisch geformten Bug- und Heckteile, die dem 964 eine bullige Front verleihen, modifizierte Schwellerblenden, aerodynamisch optimierte Regenrinnen, ein glatter Unterboden sowie ein elektrisch ausfahrbarer Heckspoiler. Die Neuentwicklung fügt sich nahtlos in die Fahrzeug-Silhouette ein und beschert Porsche auch ein weiteres Patent: Der Heckspoiler fährt ab einer Geschwindigkeit von 80 km/h elektrisch aus, sorgt für Abtrieb und verbessert die Kühlung des Motors.

Die vorderen Kotflügel verlaufen breiter und flacher, unverkennbar stehen auch die Ellipsoid-Schweinwerfer fast senkrecht in den Tunneln der Kotflügel. Im Bugteil sitzen erstmals Nummernschild, Luftschlitze, Blinker und Nebelscheinwerfer. Die hinteren Kotflügel sind verbreitert und verlaufen geradliniger zum Heck. Über den hinteren Stoßfänger zieht sich ein angewinkeltes Lichtband mit integrierten Rückleuchten. Darüber liegt die Motorhaube mit dem automatisch ausfahrbaren Heckflügel. Ab 1989 ist der 911 erstmalig mit einem Allradantrieb ausgestattet. Der 911 Carrera 4 vom Typ 964 verfügt über einen aus dem 911 Carrera 4x4 Paris-Dakar adaptierten, überarbeiteten Allradstrang mit elektronisch gesteuerter und hydraulisch geregelter Kraftverteilung. Um die Modellvarianten des 964 für die Kunden besser unterscheidbar zu machen, heißt die Allradversion Carrera 4, während die Hecktrieb-Variante ein Jahr später als Carrera 2 auf den Markt kommt. Auch beim 964 sind die drei Karosserievarianten Coupé, Targa und Cabriolet erhältlich, den Turbo bietet Porsche als Coupé und ab 1992 auch als Cabriolet an. Im Vergleich zum Vorgänger werden moderne McPherson-Federbeine vorn und Schraubenfedern an Schräglenkern hinten eingesetzt, die die Drehstabfedern der G-Serie ersetzen und ein präziseres, besseres Fahrverhalten ermöglichen. Der neu entwickelte 6-Zylinder-Boxermotor mit Doppelzündung, Klopfregelung und Drei-Wege-Kat verfügt über 3,6 Liter Hubraum und leistet 250 PS – das Spitzenmodell 911 Turbo 3.6 erzielt 381 PS. Ebenso verfügt der neue 911 über eine vollautomatische Tiptronic und ist das erste Serienfahrzeug mit einem serienmäßigen Metallkatalysator. Ab 1991 gibt es im 964 serienmäßig Airbags für Fahrer und Beifahrer. Zu den weiteren Neuerungen gehören Servolenkung, ABS, eine effizientere Heizung, eine Zentralverriegelung und elektrisch höhenverstellbare Vordersitze. Ab 1990 steht ein Automatikgetriebe zur Wahl, was für den US-Markt wichtig ist. Im Modelljahr 1993 ist der 911 Speedster mit verkürzter Frontscheibe erhältlich. Er hat eine angepasste Dachkonstruktion und eine Abdeckung mit den beiden charakteristischen Höckern hinter den Vordersitzen. Auf Basis des Carrera 2 Cabriolets werden 930 Autos gebaut, weitere 15 Exemplare mit breiter Turbolook-Karosserie kommen hinzu.

Alle bis 1993 gebauten 964-Modelle des 911 Carrera 4 Targa und 911 Carrera 2 Targa verfügen über den klassischen Targa-Überrollbügel und das herausnehmbare Dachmittelstück. In den ersten drei 911-Generationen vom Ur-911, der G-Serie und des 964 entstehen insgesamt 87.663 Targa-Einheiten. Vom 964 werden insgesamt 63.762 Exemplare gebaut, der 964 Targa erzielt mit 4.863 Einheiten einen Anteil von unter zehn Prozent.

1993 folgt zum runden Geburtstag das auf 911 Exemplare limitierte Sondermodell „30 Jahre Sportwagen“, das die Kampagne „So baut man Sportwagen“ prägt. Das Fahrzeug vereint mit breit ausgestellten Kotflügeln vorn und hinten den Antrieb des Carrera 4 mit der Coupé-Karosserie und dem 17-Zoll-Fahrwerk des 911 Turbo, verzichtet aber auf dessen Heckflügel. Für den deutschen Markt ist die Außenfarbe Violametallic exklusiv im Angebot, die mit einer serienmäßigen Ganzlederausstattung in Rubicongrau kombiniert werden kann.

PORSCHE
Presse-Information

DAS P O R S C H E - PROGRAMM IM MODELLJAHR 1990

Der neue und vom 911 Carrera 4 abgeleitete 911 Carrera 2, ein revolutionäres Doppelfunktions-Getriebe, Targa- und Cabriolet-Varianten für den Carrera 2 und 4, eine nochmals verbesserte Ausstattung bei der 944-Baureihe, der Porsche 928 GT sowie zahlreiche Aufwertungen für alle drei Baureihen in den Bereichen Komfort, Sicherheit und Umwelt sind die wichtigsten Neuheiten des Modelljahres 1990.

Obwohl die Porsche 944-Baureihe bereits zum Modelljahr 1989 gründlich überarbeitet und mit dem 944 S 2 ein völlig neues Modell auf den Markt gebracht wurde, geht die Transaxle-Palette mit einigen Änderungen und nochmals verbesserter Ausstattung in das neue Modelljahr. Außerdem wird die Modellreihe weiterhin gestrafft. Im Hinblick auf die zukünftige Produktionsverlagerung der 944-Baureihe nach Stuttgart-Zuffenhausen und dem erhöhten Kapazitätsbedarf für das 944 S 2 Cabriolet ist eine Einengung des Modellprogramms zu Lasten des 944 2.7 erforderlich.

Danach sieht die serienmäßig mit Katalysator ausgerüstete 944-Baureihe nun wie folgt aus :

- Porsche 944 S 2 mit 211 PS starkem und drei Liter großem Vierventil-Triebwerk
- Porsche 944 S 2 Cabriolet mit der Technik und Ausstattung des 944 S 2 Coupés
- Porsche 944 Turbo mit 250 PS und 2.5 Liter Hubraum

Dr. Ing. h. c. F. Porsche Aktiengesellschaft · Porschestraße 42, Stuttgart-Zuffenhausen
Postanschrift: Postf. 40 06 40, 7000 Stuttgart 40 · Tel. (07 11) 827-0, Fernschreiber 7 21 871

PORSCHE
Presse-Information

Die Preise im Modelljahr 1990

Für die Modelle des Modelljahres 1990 hat die Porsche AG die Preise neu festgesetzt, wobei bei allen Fahrzeugen der geregelte Dreiwege-Katalysator nunmehr zur Serienausstattung gehört. Zahlreiche und bisher aufpreispflichtige Dinge wie Anti-Blockier-System (ABS) und Servolenkung für 944 S2-Varianten sind ab Modelljahr 1990 gleichfalls im Preis inbegriffen. Bei der Porsche 928-Baureihe zählt die elektronisch gesteuerte Hinterachs-Quersperre zur Serienausstattung.

Die neuen Preise in DM (alte Preise in Klammern):

944 S 2 Coupé	DM 78.100,--	(DM 74.965,--)
944 S 2 Cabriolet	DM 89.900,--	(DM 86.265,--)
944 Turbo Coupé	DM 97.175,--	(DM 97.175,--)
911 Carrera 2 Coupé	DM 103.500,--	-
911 Carrera 2 Targa	DM 108.700,--	-
911 Carrera 2 Cabriolet	DM 118.000,--	-
911 Carrera 4 Coupé	DM 116.600,--	(DM 114.500,--)
911 Carrera 4 Targa	DM 121.800,--	-
911 Carrera 4 Cabriolet	DM 131.100,--	-
928 S 4 Coupé Automatik	DM 143.000,--	(DM 139.765,--)
928 GT Coupé 5 - Gang	DM 143.000,--	-

Dr. Ing. h. c. F. Porsche Aktiengesellschaft · Porschestraße 42, Stuttgart-Zuffenhausen
Postanschrift: Postf. 40 06 40, 7000 Stuttgart 40 · Tel. (07 11) 827-0, Fernschreiber 7 21 871 · Fax (07 11) 827-58 88

Der Carrera 2 betritt die Bühne, den 911 gibt es nun in drei Karosserievarianten (Coupé, Targa, Cabriolet) und mit Heck- und Allradantrieb. Ein geregelter Dreiwege-Katalysator ist ab dem Modelljahr 1990 serienmäßig.

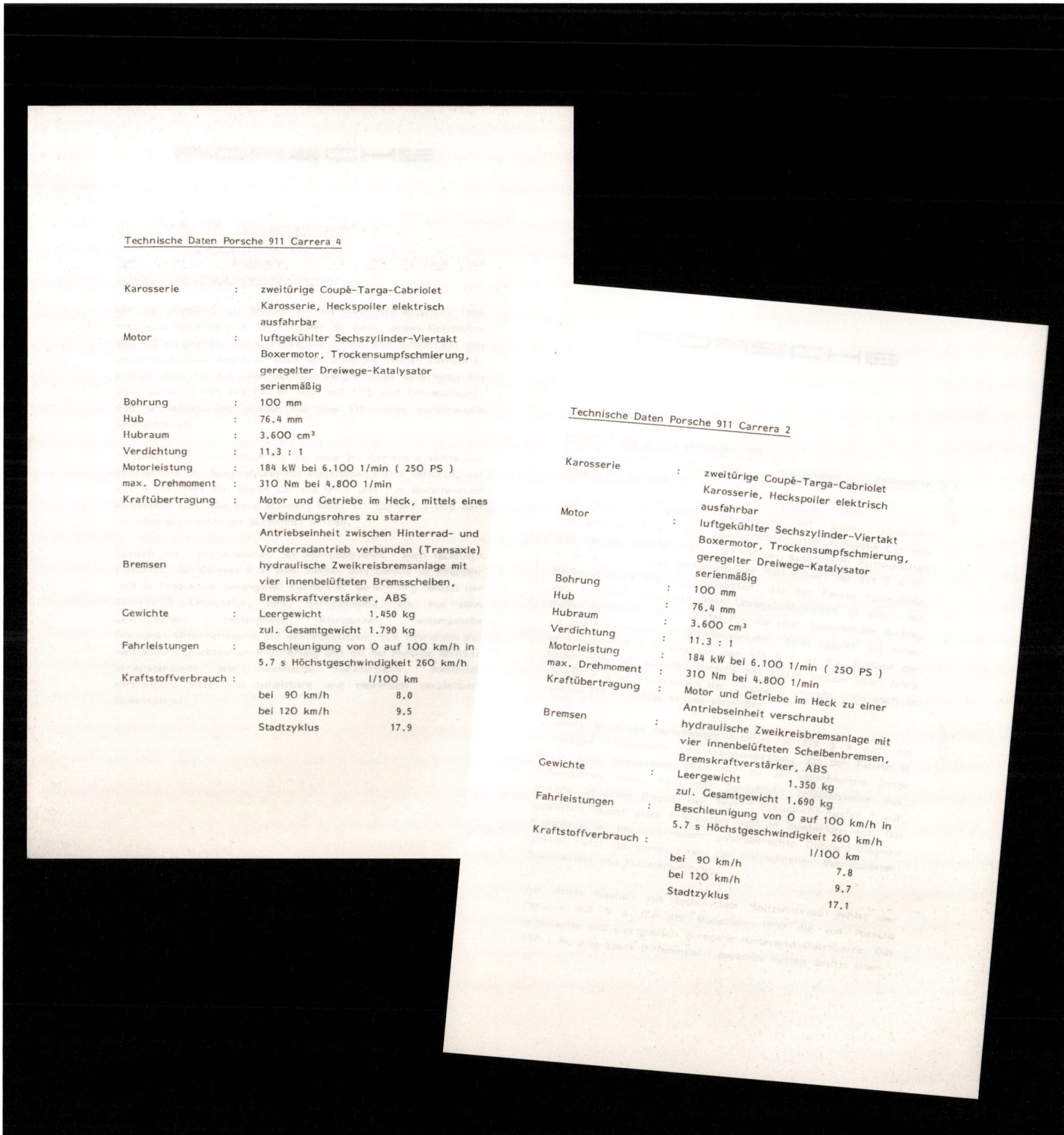

Technische Daten Porsche 911 Carrera 4

Karosserie	:	zweitürige Coupé-Targa-Cabriolet Karosserie, Heckspoiler elektrisch ausfahrbar
Motor	:	luftgekühlter Sechszylinder-Viertakt Boxermotor, Trockensumpfschmierung, geregelter Dreiwege-Katalysator serienmäßig
Bohrung	:	100 mm
Hub	:	76.4 mm
Hubraum	:	3.600 cm³
Verdichtung	:	11.3 : 1
Motorleistung	:	184 kW bei 6.100 1/min (250 PS)
max. Drehmoment	:	310 Nm bei 4.800 1/min
Kraftübertragung	:	Motor und Getriebe im Heck, mittels eines Verbindungsrohres zu starrer Antriebseinheit zwischen Hinterrad- und Vorderradantrieb verbunden (Transaxle)
Bremsen	:	hydraulische Zweikreisbremsanlage mit vier innenbelüfteten Bremsscheiben, Bremskraftverstärker, ABS
Gewichte	:	Leergewicht 1.450 kg zul. Gesamtgewicht 1.790 kg
Fahrleistungen	:	Beschleunigung von 0 auf 100 km/h in 5.7 s Höchstgeschwindigkeit 260 km/h
Kraftstoffverbrauch	:	l/100 km
		bei 90 km/h 8.0
		bei 120 km/h 9.5
		Stadtzyklus 17.9

Technische Daten Porsche 911 Carrera 2

Karosserie	:	zweitürige Coupé-Targa-Cabriolet Karosserie, Heckspoiler elektrisch ausfahrbar
Motor	:	luftgekühlter Sechszylinder-Viertakt Boxermotor, Trockensumpfschmierung, geregelter Dreiwege-Katalysator serienmäßig
Bohrung	:	100 mm
Hub	:	76.4 mm
Hubraum	:	3.600 cm³
Verdichtung	:	11.3 : 1
Motorleistung	:	184 kW bei 6.100 1/min (250 PS)
max. Drehmoment	:	310 Nm bei 4.800 1/min
Kraftübertragung	:	Motor und Getriebe im Heck zu einer Antriebseinheit verschraubt
Bremsen	:	hydraulische Zweikreisbremsanlage mit vier innenbelüfteten Scheibenbremsen, Bremskraftverstärker, ABS
Gewichte	:	Leergewicht 1.350 kg zul. Gesamtgewicht 1.690 kg
Fahrleistungen	:	Beschleunigung von 0 auf 100 km/h in 5.7 s Höchstgeschwindigkeit 260 km/h
Kraftstoffverbrauch	:	l/100 km
		bei 90 km/h 7.8
		bei 120 km/h 9.7
		Stadtzyklus 17.1

Der Allradantrieb des Carrera 4 fordert einen Tribut von 100 Kilo Mehrgewicht. Die Fahrleistungen beider Antriebsarten können sich allerdings heute noch sehen lassen.

DER 911 TARGA I TYP 964
RUNDUM | ERNEUERT

Der 964 ist ein fast vollkommen neues Fahrzeug, er besteht aus bis zu 85 Prozent neuen Teilen wie dem aerodynamisch geformten Bug und Heck oder dem patentierten Heckspoiler. Der klassische Überrollbügel und das herausnehmbare Dachmittelstück bleiben dem Targa-Modell der dritten 911-Generation erhalten.

DER 911 TARGA I TYP 964
WANTED: ALLTAGSFAHRER

Mit Luxus-Anspruch, mehr Ausstattungsdetails und durch funktionelle Ästhetik will Porsche neue Kunden vom 964 überzeugen. Im Zielgruppen-Fokus der dritten 911-Modellgeneration stehen Alltagsfahrer, als Karosserievarianten stehen dafür das 911 Coupé, der Targa und das Cabriolet zur Verfügung.

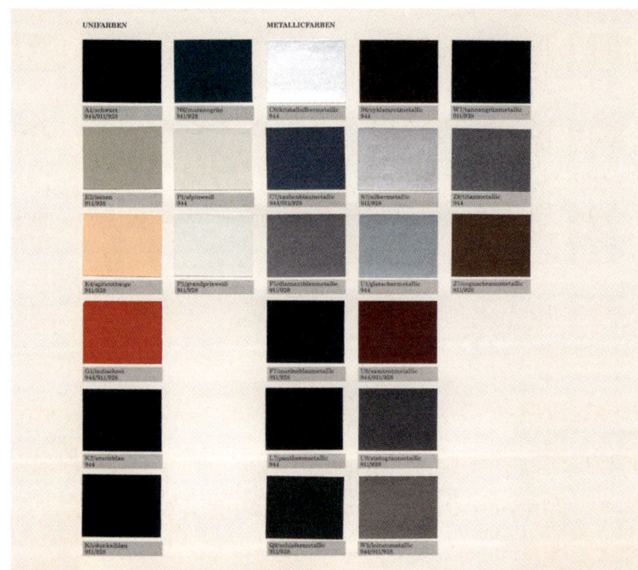

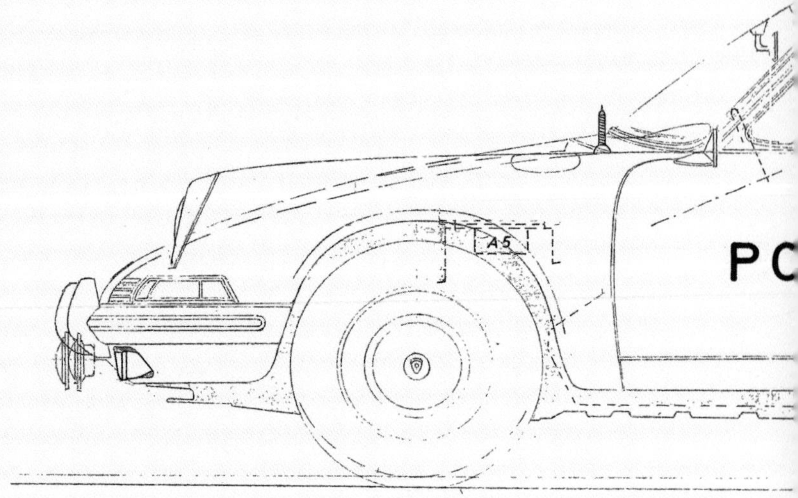

A Besondere Verkehrsausrüstung

- A1 Rundum-Kennscheinwerfer
- A2 Nebellampen
- A3 Zwei Außenspiegel
- A4 Vier Starktonhörner
- A5 Tonfolgeschalter
- A6 Außenlautsprecher
- A7 Zwei Innenspiegel

B Sprechfunk-Anlage

- B1
- B2
- B3
- B4 Funk-Antenne
- B5
- B6

C Kennzeichen

- C1 Amtliches Kennzeichen
- C2 Stop-Schild

D Batterie

D1 Zusatzbatterie für Typ 912
Zwei Batterien für Typ 911
(Serienausrüstung)

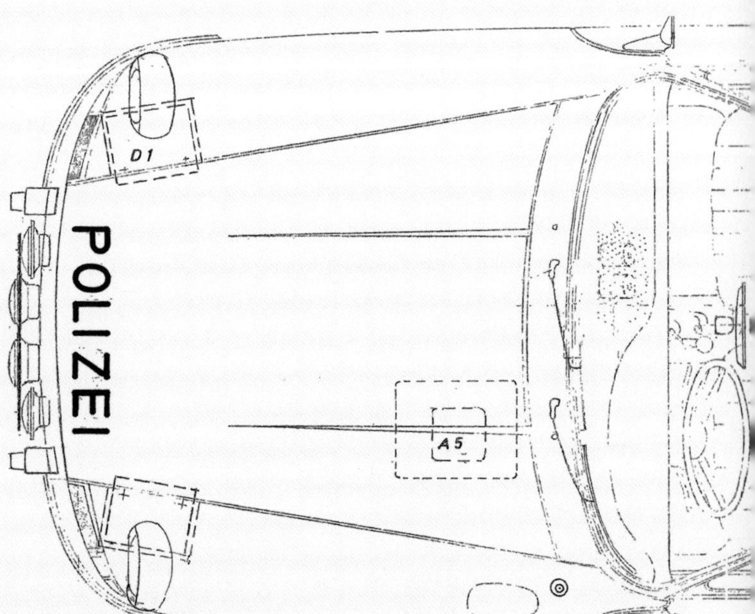

Anmerkung:

Typ 911, 912 Gesamtbild gleich.
Unterschied besteht in der Motorausrüstung

Lackierung

Fahrzeuggrundlackierung hell-elfenbein 6804
Motor u. Kofferraumdeckel, Türe links und rechts, Stoßstange vorn, hinten, blutorange 6809
Polizeischriftzug weiß

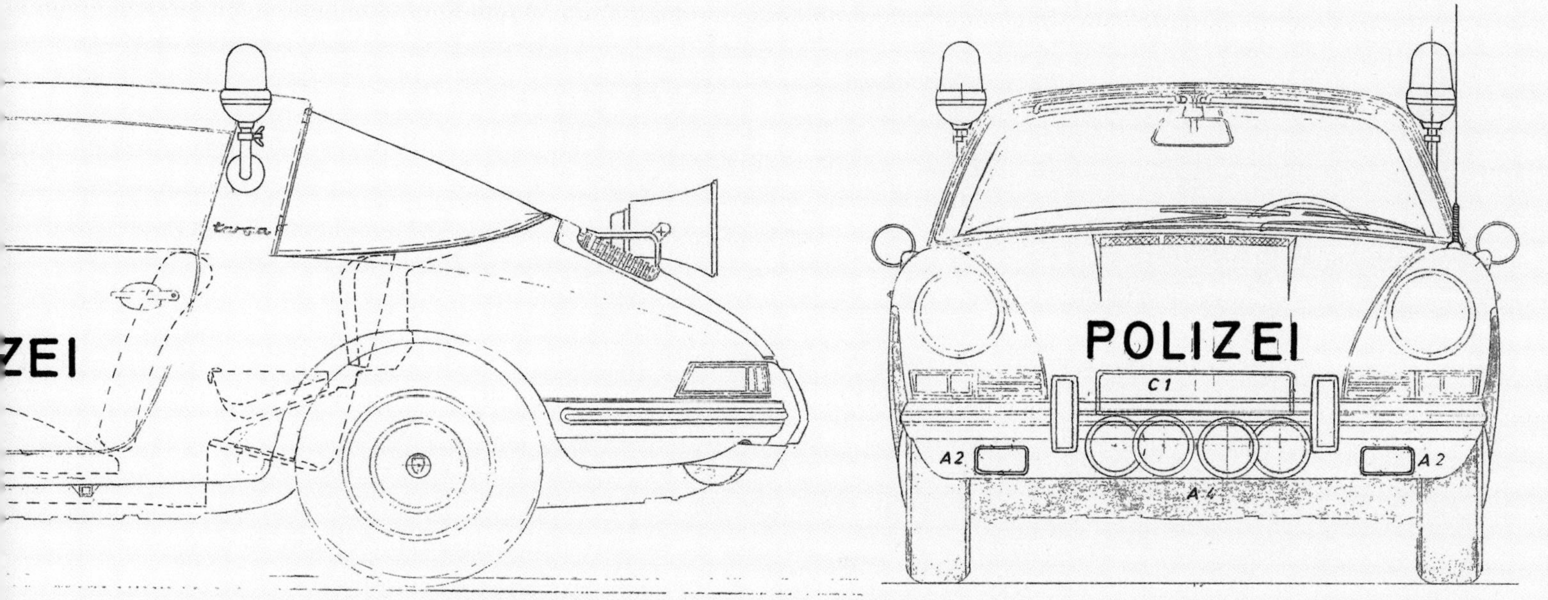

2 | TARGA ICONIC

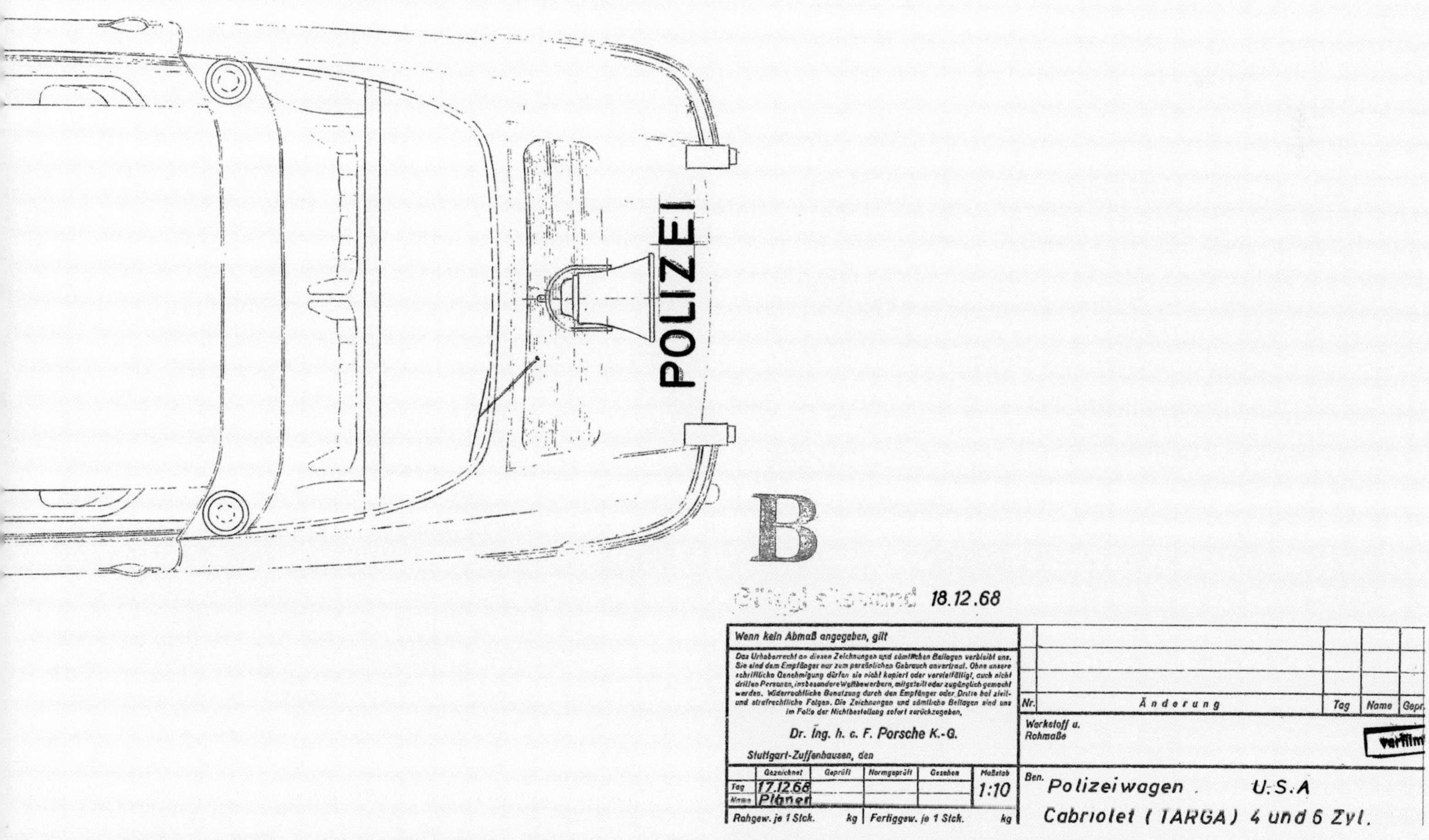

PORSCHE
targa
4
IN EINEM

Dach öffnen und schließen
Das Faltdach ist hinten mit zwei Zapfen im Dachbügel gelagert und vorn durch zwei Schlösser im Windschutzscheibenrahmen verankert. Durch Betätigen der Schloßgriffe läßt sich das Dach leicht aus den Sicherheitsrasten nehmen und wieder einsetzen. Zusammengeklappt kann man es bequem im Kofferraum unterbringen oder hinter die Sitze legen.
Heckscheibe öffnen und schließen
Die Heckscheibe ist mit dem Dachbügel durch einen Reißverschluß verbunden. Ihre Spannung kann durch zwei Hebel verringert werden. Dadurch läßt sich der Reißverschluß jederzeit ohne große Mühe öffnen und schließen.
Die heruntergeklappte Heckscheibe kann durch eine Schutzhülle abgedeckt werden.
Dach abgenommen, Heckscheibe geöffnet – ein echtes Sicherheits-Voll-Cabriolet, Sie genießen Licht, Luft und Landschaft
1
Dach abgenommen, Heckscheibe geschlossen – Sie fahren weitgehend zug- und geräuschfrei, auch bei höherer Reisegeschwindigkeit
2
Dach aufgesetzt, Heckscheibe geöffnet – vor stechender Sonne geschützt fahren Sie in frischer Luft
3
Dach aufgesetzt, Heckscheibe geschlossen – Sie fahren geschützt und geborgen, sowohl bei Regen als auch in kalten Jahreszeiten
4

911
912
911S
Serienmäßige Ausstattung – Technische Daten targa 912, 911, 911 S
Interieur: Sicherheitsgepolstertes Armaturenbrett · 2 Liegesitze · 2 gepolsterte Sonnenblenden · Türtaschen beidseitig · Befestigungsstellen für Sicherheitsgurte · Stufenlos regulierbare Frischluftzuführung und Motorheizung · Fond-Sitzlehnen als Gepäckablage umklappbar · Aschenbecher · Abschließbarer Handschuhkasten mit Magnetverschluß · Armstützen · Haltegriff
Instrumente: Gesamt- und Tageskilometerzähler · Transistor-Drehzahlmesser · Elektrische Zeituhr mit Merkzeiger · Elektrische Benzinuhr mit Restanzeigeleuchte · Ölthermometer · Kontrollleuchten für Batterie-Ladestrom, Fernlicht, Begrenzungslicht, Blinker, Handbremse · Dreistufiger Scheibenwischer · Lichthupe · Signaltaste · Elektrische Scheibenwaschanlage mit automatischer Wischerbetätigung
Elektrische Anlage: 12-Volt-Lichtmaschine (Gleichstrom bei targa 912, Drehstrom bei targa 911 und 911 S) · Batteriekapazität 45 Ah · Asymmetrisches Abblendlicht · 2 Rückfahrscheinwerfer · Stufenlos regulierbare Instrumentenbeleuchtung · Kofferraumbeleuchtung
Getriebe, Fahrwerk und Bremsen: 5 Vorwärtsgänge · Porsche-Synchronisierung · Wartungsfreie Hinter- und Vorderachse · Drehstabfederung · Stabilisator vorn · Zahnstangenlenkung mit abgewinkelter Sicherheitslenksäule · Vier Scheibenbremsen mit automatischer Nachstellung · Handbremse als Duo-Servo-Trommelbremse ausgebildet · Gürtelreifen 165 HR 15
Zusätzlich beim targa 911 S: Öldruckmesser · Ölstandanzeiger · 2 Nebelleuchten · Lederlenkrad · Leichtmetallfelgen · Benzinelektrische Stand- und Zusatzheizung · Hinten Stoßstangenhörner mit Gummiauflage · Breiter Profilgummi auf den Stoßstangen und unterhalb der Türen · Innenbelüftete Bremsscheiben · Stabilisator an der Hinterachse · Veloursteppiche
Motor targa 912: 4-Zylinder-Boxermotor · Ventilsteuerung durch Stoßstangen und Kipphebel · Nockenwellenantrieb durch Zahnräder · Geschmiedete Kurbelwelle 4-fach gelagert · Druckumlaufschmierung · Mechanische Kraftstoffpumpe · 2 Doppelfallstromvergaser Solex PII-4 · Hub 74 mm · Bohrung 82,5 mm · Hubraum tatsächlich 1582 cm³ · Verdichtung 9,3:1 · Leistung 90 DIN-PS bei 5800 U/min. · Max. Drehmoment 12,4 mkp bei 3500 U/min.
Motor targa 911: 6-Zylinder-Boxermotor · Ventilsteuerung durch je 1 obenliegende Nockenwelle pro Zylinderreihe · Nockenwellenantrieb durch Kette · Geschmiedete Kurbelwelle, 8-fach gelagert · Trockensumpfschmierung · Elektrische Kraftstoffpumpe · 2 Dreifach-Fallstromvergaser WEBER 40 IDA 3C/3C1 · Hub 66 mm · Bohrung 80 mm · Hubraum tatsächlich 1991 cm³ · Verdichtung 9:1 · Leistung 130 PS-DIN bei 6100 U/min. · Max. Drehmoment 17,8 mkp bei 4200 U/min.
Motor targa 911 S (wie Motor 911, jedoch mit folgenden Abweichungen): Verdichtung 9,8:1 · Leistung 160 PS-DIN bei 6600 U/min. · Max. Drehmoment 18,2 mkp bei 5200 U/min. · 2 Dreifach-Fallstromvergaser WEBER 40 IDS 3C/3C1.
W 226 Dr.-Ing. h. c. F. Porsche KG. Stuttgart-Zuffenhausen
Printed in Germany
Änderungen vorbehalten
PORSCHE targa
PORSCHE HISTORISCHES ARCHIV

DER TARGA WIRD ZUR STILIKONE
„4 WAGEN IN EINEM“

Die Targa-Prospekte der Modelljahre 1967 (links) und 1968 (rechts) erklären das Handling des neuen, offenen Sportwagen-Modells. Für die Varianten 911, 911S und 912 wird der neue Targa mit vier Variationsmöglichkeiten für Sommersonne und Sternenhimmel angeboten:

→ Targa Hardtop als klassischer Targa mit festem, schwarzem Kunstleder bezogenem Dachaufsatz,
→ Targa Voyage mit zusätzlichem, bei Sonnenschein zusammenrollbarem Schnelldach,
→ Targa Bel-Air mit geöffnetem Heckfenster und geschlossenem Dach
→ Targa Spyder als vollständig geöffnete Version, also ohne Dach und mit heruntergeklapptem hinteren Verdeck

Auf der Messe 1965, wie auch im ersten Werbeprospekt von 1966, tragen die ersten Targa-Vorserienmodelle das Porsche Wappen als goldene Emaille-Plakette auf dem Überrollbügel. Auf Wunsch tragen auch die verchromten Radkappen der Stahlräder dieselben Plaketten. Zum Produktionsstart wird das Wappen auf dem Überrollbügel durch den Schriftzug „targa“ ersetzt. Die Konstruktion des Dachs wird noch einmal geändert, zudem erhält die Hinterachse ein Sperrdifferenzial.

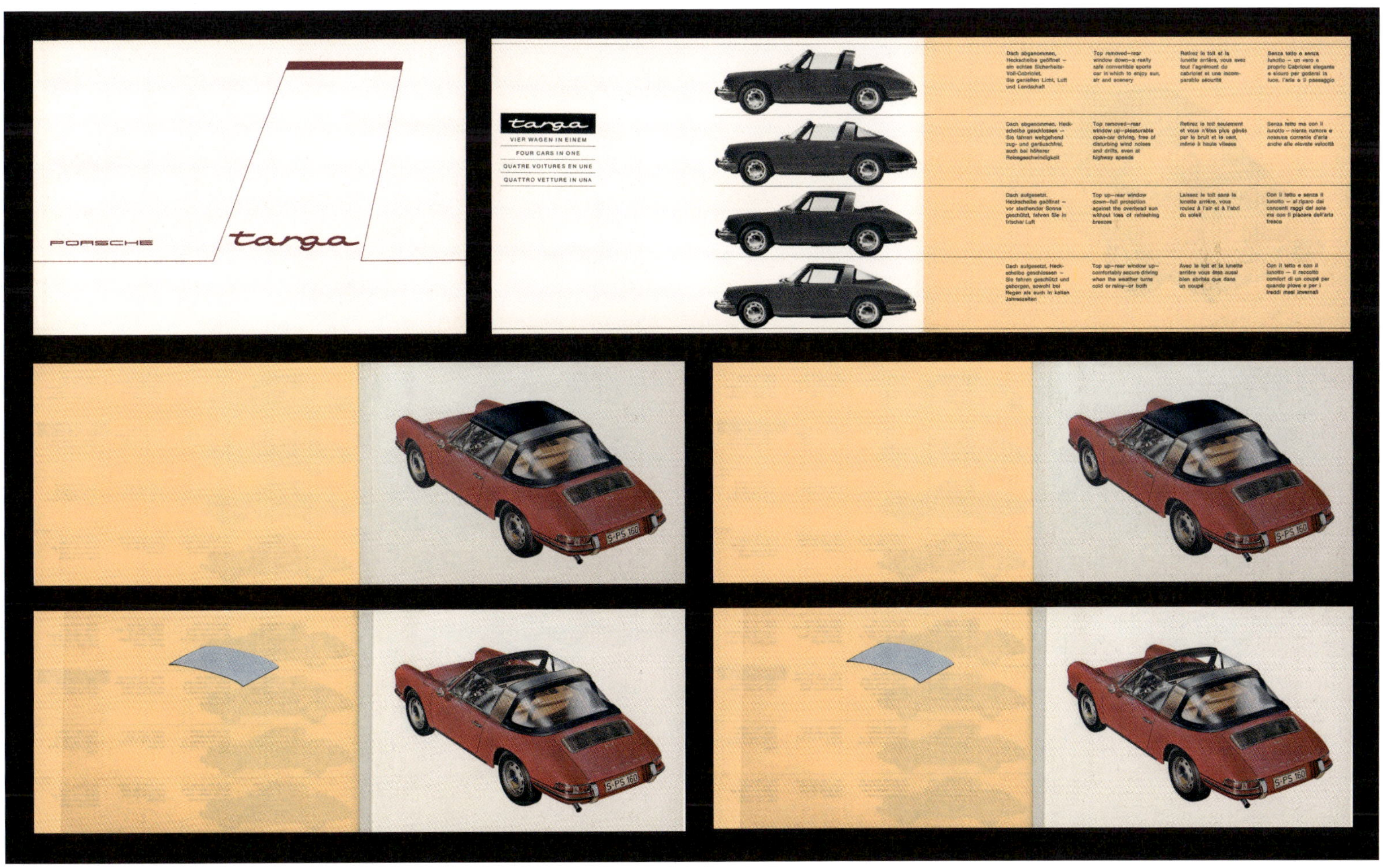

Ur-911 Targa, 1967: Die Reise des Targa in die Welt beginnt mit einer Pop-Art-Grafik und avantgardistischer Gestaltung. Auch mit dem Urteil von Firmenchef Ferry Porsche wird geworben – national und international werden die Eigenschaften eines offenen Porsche klar beschrieben.

"No convertible should be without it."
Dr. Ferry Porsche
The Targa combines the romance of a roadster with the practicality of the hard-top coupe.
It has a built-in roll bar.
But there is more to a Targa than just a roll bar.
There is the advantage of a huge fixed rear window that can be heated to prevent fogging.
There is the unique aerodynamic shape of a car so sculptured that it virtually slips through the air without the usual discomfort of wind blast.
In fact, when the removable top is stored in the trunk, you can carry on a conversation in normal tones with the person next to you. Dr. Porsche speaks softly.
And there is the legendary Porsche engineering that has set Porsches apart from every other car in the world.
The Targa is available in all three 911 models: 911T, 911E and 911S.
There is no car like a Porsche. And there is no Porsche like a Targa.
targa

An ad for people who have never considered a Porsche.
Porsche: the company.
Porsche: the man.
Porsche: the car.
The ultimate in Grand Touring luxury.
A true Grand Touring car must be fast, safe and comfortable.
You can even get an automatic transmission.
29 miles* on a gallon of regular.
Porsches aren't just built to win hun-
90% retail value after five years.
Pride of craftsmanship. Pride of ownership.
So there's a Porsche perfect for you.
Everything you'd expect. And more.
In a world of compromise, Porsche doesn't.

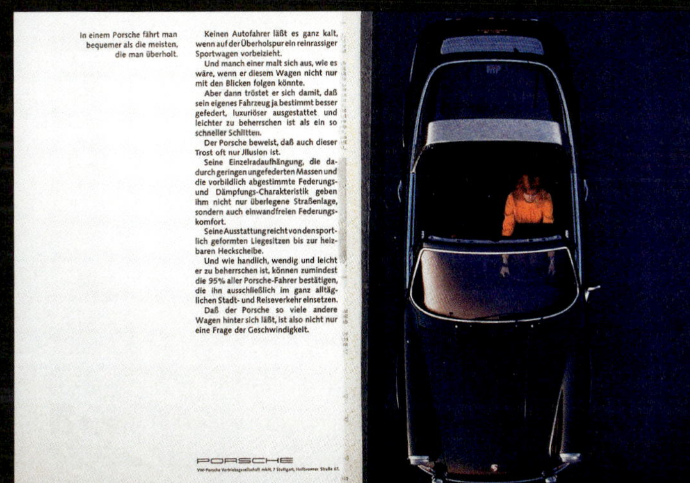
In einem Porsche fährt man bequemer als die meisten, die man überholt.
Keinen Autofahrer läßt es ganz kalt, wenn auf der Überholspur ein reinrassiger Sportwagen vorbeizieht.
Und manch einer malt sich aus, wie es wäre, wenn er diesem Wagen nicht nur mit den Blicken folgen könnte.
Aber dann tröstet er sich damit, daß sein eigenes Fahrzeug ja bestimmt besser gefedert, luxuriöser ausgestattet und leichter zu beherrschen ist als ein so schneller Schlitten.
Der Porsche beweist, daß auch dieser Trost oft nur Jllusion ist.
Seine Einzelradaufhängung, die dadurch geringen ungefederten Massen und die vorbildlich abgestimmte Federungs- und Dämpfungs-Charakteristik geben ihm nicht nur überlegene Straßenlage, sondern auch einwandfreien Federungskomfort.
Seine Ausstattung reicht von den sportlich geformten Liegesitzen bis zur heizbaren Heckscheibe.
Und wie handlich, wendig und leicht er zu beherrschen ist, können zumindest die 95% aller Porsche-Fahrer bestätigen, die ihn ausschließlich im ganz alltäglichen Stadt- und Reiseverkehr einsetzen.
Daß der Porsche so viele andere Wagen hinter sich läßt, ist also nicht nur eine Frage der Geschwindigkeit.
PORSCHE

Mehr Forschung.
Mehr Technik.
Mehr Leistung.
Mehr Spaß.
PORSCHE

PORSCHE
PORSCHE'S RACING-INSPIRED INNOVATION IN OPEN-CAR DESIGN... THE UNIQUELY NEW targa
At last, a truly functional high-performance convertible for safe, enjoyable driving in every kind of weather.
Like all Porsches, the distinctive new Targa is a rugged, competition-developed vehicle, designed to be driven hard and fast—with maximum safety.
Take the eye-catching stainless steel roll bar, for example. For years, roll bars have been standard equipment on all racing cars. In the Targa—appropriately named for the grueling Sicilian mountain road race in which so many of Porsche's advanced-engineering ideas have been publicly tested and proven—the roll bar has been made an integral part of a series-production gran turismo cabriolet, for the first time. This remarkably logical racing-car ingredient provides vital protection for driver and passengers, and it gives the Targa's unitized body-chassis combination the strength and rigidity of the Porsche coupe. It also makes possible the unique variations in openness provided by the Targa: fully closed, top down, rear window down and fully open.
The new Porsche Targa, available in the 912, 911 and 911S models, has the same confidence-inspiring stability and maneuverability inherent in every Porsche. And the aerodynamic design of this precedent-setting convertible is practical as well as graceful. At any speed, the Targa's exterior surfaces efficiently create an airflow that leaves the passenger compartment quietly undisturbed. With top down and windows up, the most fragile coiffure travels unmussed.
Adaptable to any weather...
with back window up (shown above) . . .
fully open . . .
with top up . . .
fully closed
targa

PTD...
your key to a world of Porsche Pleasure
BOEING 707
STUTTGART
PORSCHE
TOURIST DELIVERY PROGRAM

D JD 699

DER TARGA WIRD ZUR STILIKONE
DER ANSPRUCH

Sehen und gesehen werden: „Nicht jeder, der mit einem Porsche nach Monte Carlo fährt, will eine Rallye gewinnen.“ Der 911 Targa ist das passende Auto für den besonderen Auftritt. Damit ist die Ausrichtung des neuen Sportwagens von Anfang an gesetzt – wie passend. Das Plakat stammt aus dem Jahr 1970.

Bekenntnisse: In den 1970er-Jahren, zu Zeiten von Ölkrise und wirtschaftlichem Abschwung, werden den Kunden auch mehr Argumente angeboten. Porsche erklärt, was unter Alltagstauglichkeit, Komfort oder Zuverlässigkeit zu verstehen ist – pointiert, kurz, prägnant.

TURBO
TARGA
PORSCHE
THERE IS NO SUBSTITUTE.

PORSCHE'75
THERE IS NO SUBSTITUTE.

PORSCHE

Nur 27cm: Die Schwelle zum Erfolg.
Für manchen ist sie klein - für andere groß. Für Kenner immer das Endziel: der eigene Porsche - perfekte Technik mit perfekter Garantie. Fahren in seiner schönsten Form. Daß Porschefahren Spaß macht, wissen Sie. Aber wissen Sie auch, warum für Porsche die Technik die Schwelle zum Erfolg war? Weil Porsche seine Fahrzeuge sicherer, handlicher, wirtschaftlicher, umweltfreundlicher und langlebiger baut. Diese Antwort kann Sie natürlich nicht befriedigen. Deshalb informieren Sie sich bei uns. Denn je besser Sie Ihren Porsche kennen, je mehr Spaß wird er Ihnen machen.
PORSCHE
mit Langzeitgarantie.
Fordern Sie unsere Broschüre: »Porsche-Ingenieure plaudern aus der Schule« an. Dr. Ing. h. c. F. Porsche Aktiengesellschaft, 7 Stuttgart 40, Postfach 40 06 40

»Es überrascht mich immer wieder, zu welcher Begeisterung ich nach 11 Stunden Arbeit noch fähig bin.«
Wie erkennt man einen Porsche-Fahrer, wenn er nicht in seinem Porsche sitzt? Ein Merkmal ist nach unserer Erfahrung die berufliche Dynamik, gepaart mit einem Sinn für Sportlichkeit und Fairneß: Fast immer hat er im Beruf gelernt, für andere Verantwortung zu tragen, was sich zwangsläufig in seinem Fahrstil zeigt. Beschleicht Sie gerade der Verdacht, ein Porsche-Fahrer stecke auch in Ihnen? Eine Probefahrt verhilft zu weiterer Selbsterkenntnis. Ohne Überstunden als Vorbedingung, aber fast immer mit Begeisterung als Folge. Beratung, Probefahrt und Leasingangebote: Bitte schicken Sie Ihre Visitenkarte an Dr. Ing. h. c. F. Porsche AG, Marketingleitg., Postf. 1108, 7140 Ludwigsburg.
PORSCHE

Feuer und Flamme
Ein Porsche bereichert Ihr Leben.
Er holt die Romantik zurück und das Abenteuer.
Er schenkt Ihnen neue Freuden und neue Freunde. Er bringt harte
Männer zum Träumen und Träumer in Fahrt. Er bricht das
eisigste Schweigen und eiskalte Rechner erwärmt er für sich.
Ein Porsche läßt keinen kalt.
Er fasziniert alle – wie das Spiel mit dem Feuer.
PORSCHE
Dr. Ing. h. c. F. Porsche Aktiengesellschaft · Postfach 40 06 40 · 7000 Stuttgart 40

Komfortable Sportlichkeit.
PORSCHE Carrera

Porsche hat auch sonnentags geöffnet.
Warum? Weil man bei Porsche weiß, was Fahrfreude bedeutet, und wie wertvoll sie in unserer Zeit ist. Offen fahren, Luft, Wind und Sonne spüren, das ist die ursprüngliche, faszinierende Art des Autofahrens. Nicht nur im Sommer. Damit unterscheiden wir uns grundsätzlich von anderen Cabriolets. Versuchen Sie es im Targa einmal an einem goldenen Oktobertag und erleben Sie so, daß für Targafahrer die schönste Zeit des Jahres länger dauert. Oder auch im Winter! Wenn die Sonne den Schnee blau leuchten läßt. Im Targa können Sie es. Zugfrei und ohne Winterpelz. Und sicher dazu! Denn der Porsche-Targa vereint die Vorteile eines Coupés mit dem Frischluft-Vergnügen eines Cabrios. Problemlos, komfortabel und sicher. Dafür sorgt der Überrollbügel aus rostfreiem Stahl.
Übrigens: das Faltdach ist stabil, platzsparend und ebenso schnell wieder aufgesetzt, wie Sie es abgenommen haben. So schnell, wie Sie aus dem offenen Wagen ein Coupé machen können, kann gar kein Regen kommen!
PORSCHE
Fahren in seiner schönsten Form

Sonnentags geöffnet.
PORSCHE
911SC

Offen fahren im Porsche 911 SC
Traumhafte Targa-Tage
F-P 911

DER TARGA WIRD ZUR STILIKONE
NATURERLEBNIS 911 TARGA

Auszüge und Eindrücke aus den Produktkatalogen der Modelljahre 1974 bis 1984. Der Anspruch vom Fahren in seiner schönsten Form wird zu einem scheinbar natürlichen Lebensgefühl. Ab dem Modelljahr 1984 bietet Porsche den neuen 911 Carrera in den Karosserievarianten Coupé, Targa und Cabriolet an.

Der schönste goldene Käfig ist ein offener.
Der neue 911 Targa 4.
PORSCHE

Der neue 911 Targa
Manchen ist ein Coupé zu geschlossen, ein Cabriolet zu offen. Manche möchten nur zwischendurch kurz Luft schnappen, daß selbst die Fahrt zur Arbeit zu einem Kapitel Freizeit wird. Für sie ist der neue 911 Targa. Er hat ein Glasdach und einen Windabweiser, die elektrisch bedienbar sind. Ganz einfach. Per Knopfdruck. Sobald Sie das Dach öffnen, verschwindet es unter der Heckscheibe. Selbst in geschlossenem Zustand haben Sie das Gefühl, im Freien zu sitzen. Gegen Sonneneinstrahlung schützt Sie dann ein Klimarollo. Ebenfalls elektrisch bedienbar.
Das Glasdach wird in der Karosserie geführt. Die klassische Linie des 911 bleibt somit erhalten. Porschefahren geht schon immer Offenheit und geistige Beweglichkeit voraus. Dafür werden Sie jetzt mit neuen Formen der Offenheit belohnt.

911 % Faszination.
So baut man Sportwagen.

GRUNDIG
Rundfunk Fernsehen GRUNDIG

PORSCHE
So baut man Sportwagen
30 Jahre 911
Seit über 100 Jahren machen Autos unabhängig.
Eins macht abhängig.

DER TARGA WIRD ZUR STILIKONE
NEUE PERSPEKTIVE(N)

Der Marken-Claim: „So baut man Sportwagen.“ Mittendrin der 30-jährige 911 Targa, bei dem der Überrollbügel durch ein Panorama-Glasdach ersetzt ist. Die neue Technik und die Ausstattungsdetails werden bildstark veranschaulicht. Die 1990er-Jahre und der Jahrtausendwechsel sind geprägt von frechen, spektakulären Kampagnen, die Selbstbewusstsein vermitteln.

POLIZEIBEKANNT | DER TARGA ALS EINSATZFAHRZEUG

Wenn die Polizei im Porsche kommt: Schon kurz nach dem Start der Targa-Produktion läuft am 21. Dezember 1966 der 100.000. Porsche 911 in Zuffenhausen vom Band. Das Fahrzeug wird als 912 Targa in weißer Polizeiausführung an das Land Baden-Württemberg übergeben, inklusive Blaulicht am Überrollbügel.

Weitere Bundesländer folgen und holen sich ebenfalls einen „Polizei-Targa" in ihre Einsatzflotten oder als Begleitfahrzeug in den Fuhrpark. Es ist die exzellente Rundumsicht, die den Targa als idealen fahrbaren Untersatz vor allem für die Verkehrspolizei auszeichnet. Der Fahrer kann die Straße beobachten, während der Beifahrer die Lage im Blick hat und auch schon mal auf die Sitze steigt, um notfalls den Verkehr zu regeln. Über die ersten 911 Targa in dieser Sonderausstattung freuen sich zunächst deutsche Autobahnpolizisten. Seit 1956 sind insgesamt 125 Polizeifahrzeuge der Marke Porsche in sieben europäischen Ländern unterwegs. Eine Pressemitteilung von 1966 beschreibt die besonderen Merkmale eines Polizei-Streifenwagens aus Zuffenhausen. Damit prägt der Targa als neues Sicherheitscabrio von Beginn an ein eigenes Sicherheitsgefühl, weil er mit dem Überrollbügel nicht nur Insassen schützt, sondern auch für Sicherheit im Straßenverkehr sorgen kann.

Auch in Österreich hat die Zusammenarbeit zwischen der Exekutive und dem Hause Porsche Tradition. In den 1960er- und 1970er-Jahren wurde die Gendarmerie ebenfalls mit Blaulicht-Porschefahrzeugen ausgerüstet, weitere Modelle folgen in den Jahren 2006 und 2016. Die österreichische Polizei will auf den Straßen der Alpenrepublik zeigen, dass auch mit einem PS-starken Sportwagen verantwortungsvoll und umsichtig gefahren werden kann. Auch auf Events ist man im Einsatz, um auf das Thema Verkehrssicherheit aufmerksam zu machen. Eine besondere Rolle kommt hier der Autobahnabteilung der Rijkspolitie (Reichspolizei) zu, einer über viele Jahre eingesetzten Spezialeinheit der niederländischen Polizei, die gegen schwere Unfälle im Einsatz war. Ohne Tempolimit kam es in den frühen 1960er-Jahren auf den Autobahnen der Niederlande vermehrt zu schweren Verkehrsunfällen. Die Patrouillen wurden daher mit umgerüsteten 356- und 911-Modellen aus Zuffenhausen ausgestattet, um die Autobahnen zu überwachen – mit einer vorgeschriebenen Zweimann-Besatzung, weiß-orangefarbenen Helmen und weißen Mänteln. Auch die weißen Handschuhe waren Pflicht, da bis zu einer Außentemperatur von zwei Grad Celsius gemäß Vorschrift offen gefahren werden musste. Von 1962 bis 1966 zeigen die orange-weißen 356er-Modelle mit Blaulicht auf der A-Säule Präsenz und etablieren die Rijkspolitie als Inbegriff einer durchgreifenden Verkehrspolizei. Schon kurz nach dem Produktionsstart ersetzt der 911 Targa die bestehende Flotte und bleibt bis zum Jahr 1996 fester Bestandteil des Fuhrparks der niederländischen Polizei. Insgesamt umfasste die Flotte 507 Porsche-Modelle, damit zählt diese zur größten historischen Porsche-Polizeiflotte der Welt.

Doch die Geschichte geht weiter: Die bis 1996 im Einsatz befindlichen Porsche-Fahrzeuge waren in der ehemaligen Alexander-Kaserne in Den Haag stationiert und trugen daher den Funkrufnamen „Alex". Als Hommage an diese historische Verbindung wurde eine eigene Markt-Edition aufgelegt: die 911 Targa 4S Exclusive Alex Edition vom Typ 991 in der Sonderfarbe Alexgrey, limitiert auf 25 Exemplare und ausgestattet mit einem Sechszylinder-Boxermotor mit 331 kW (450 PS). Die Alex-Edition entstand als Zusammenarbeit zwischen dem Porsche-Importeur Pon, dem niederländischen Designer Piet Boon, Style Porsche und der Porsche Exclusive Manufaktur. Das Team entwickelte ein neues Farbkonzept, interpretierte historische Designelemente des 911 „Alex" neu und übertrug sie auf die damals aktuelle Generation des 911 Targa 4S vom Typ 991. So weist die Karosserie fast die gleichen Farbblöcke auf wie das historische Alex-Vorbild, unterscheidet sich aber durch satinschwarze Streifen und den neu entwickelten Farbton „Alexgrey".

Die Markt-Edition verfügt über orangefarbene Akzente an den Fahrzeugschlüsseln, bei den unteren Lamellen der Lüftungsgitter auf dem Armaturenbrett und den Innenleuchten auf den Türschwellern. Das Alex-Symbol ist als Interpretation des damaligen Porsche-Polizeihelms auf das Armaturenbrett übertragen worden, auch enthält die Mittelarmlehne die historische Silhouette der 911-Targa-Landespolizei. „Markt-Editionen verfügen über eine hohe Strahlkraft. Sie tragen den Kundenwünschen nach Individualisierung Rechnung und damit können auch wir als Sportwagenhersteller aufzeigen, das den Träumen unserer Kunden fast keine Grenzen gesetzt sind", ordnet Boris Apenbrink, Leiter Kleinserien & Optionen der Porsche Exclusive Manufaktur, den einzigartigen Prozess aus Manufakturfertigung und Industrialisierung ein.

PRESSE-MITTEILUNG

PORSCHE

POLIZEI-SONDERAUSRÜSTUNG

Motor

450 W Gleichstrom-Lichtmaschine mit besonderem Reglerschalter und Entstörkondensatoren.
Handgaszug für erhöhte Lerrlaufdrehzahl bei Funkbetrieb im Stand.

Elektrisches System

12 Volt, nahentstört nach VDE 0879 Artikel II, NE-20 mit zwei 45 Ah Batterien, parallel geschaltet Gesamtkapazität 90 Ah.

Elektrische Anlagen

elektronischer Tonfolgeschalter

zusätzlich 2 Signalhörner (520 + 390 Hz)
links und rechts unter den vorderen Kotflügeln für Tonfolge-Anlage

1 Stadthorn linksseitig (335 Hz)

Rundumkennleuchte

Warnblinkanlage

Signalschild "STOP" am Wagenheck

Nebelscheinwerfer mit 55 W Halogenlampen

2 Kofferraum-Leuchten

1 Motorraum-Leuchte

Anruflautsprecher Isophon EL 6 unter der Schalttafel

1 Steckdose auf der Beifahrerseite

Spazialeinbauten von:
2 pol. Sicherungskasten, Warnblinkgeber, Arbeitskontakt-Relais für Funkanlage, Warnlicht-Relais

2.Batterie eingebaut anstelle der Fremdheizung

7 STUTTGART-ZUFFENHAUSEN PORSCHESTRASSE 42 TELEFON 0711/89141 TELEX PORSCHEAUTO 072/3521

306 50 M 6.66 Gl.

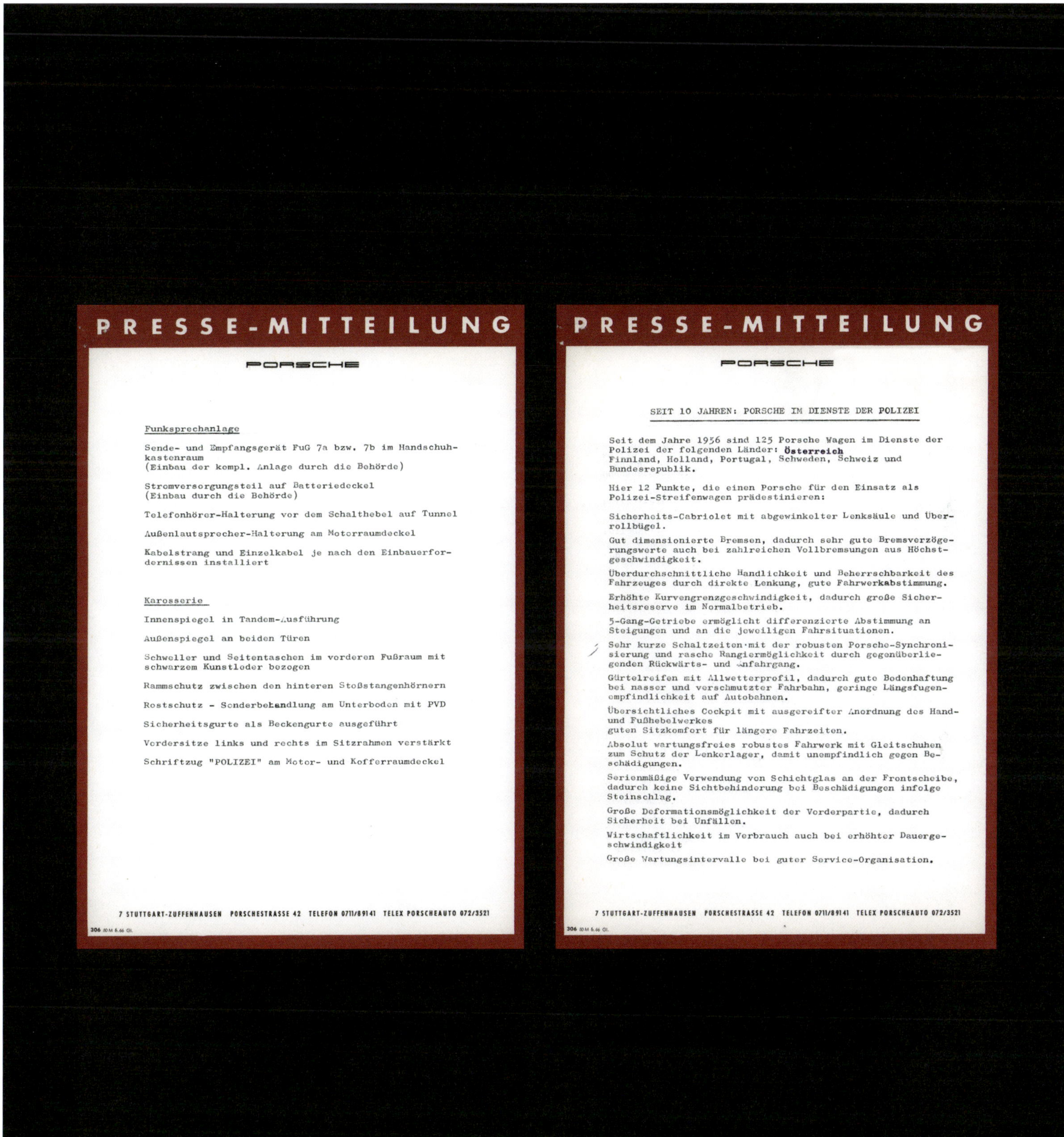

PRESSE-MITTEILUNG

PORSCHE

Funksprechanlage

Sende- und Empfangsgerät FuG 7a bzw. 7b im Handschuhkastenraum
(Einbau der kompl. Anlage durch die Behörde)

Stromversorgungsteil auf Batteriedeckel
(Einbau durch die Behörde)

Telefonhörer-Halterung vor dem Schalthebel auf Tunnel

Außenlautsprecher-Halterung am Motorraumdeckel

Kabelstrang und Einzelkabel je nach den Einbauerfordernissen installiert

Karosserie

Innenspiegel in Tandem-Ausführung

Außenspiegel an beiden Türen

Schweller und Seitentaschen im vorderen Fußraum mit schwarzem Kunstleder bezogen

Rammschutz zwischen den hinteren Stoßstangenhörnern

Rostschutz - Sonderbehandlung am Unterboden mit PVD

Sicherheitsgurte als Beckengurte ausgeführt

Vordersitze links und rechts im Sitzrahmen verstärkt

Schriftzug "POLIZEI" am Motor- und Kofferraumdeckel

7 STUTTGART-ZUFFENHAUSEN PORSCHESTRASSE 42 TELEFON 0711/89141 TELEX PORSCHEAUTO 072/3521

306 50 M 6.66 Gl.

PRESSE-MITTEILUNG

PORSCHE

SEIT 10 JAHREN: PORSCHE IM DIENSTE DER POLIZEI

Seit dem Jahre 1956 sind 125 Porsche Wagen im Dienste der Polizei der folgenden Länder: **Österreich**
Finnland, Holland, Portugal, Schweden, Schweiz und Bundesrepublik.

Hier 12 Punkte, die einen Porsche für den Einsatz als Polizei-Streifenwagen prädestinieren:

Sicherheits-Cabriolet mit abgewinkelter Lenksäule und Überrollbügel.

Gut dimensionierte Bremsen, dadurch sehr gute Bremsverzögerungswerte auch bei zahlreichen Vollbremsungen aus Höchstgeschwindigkeit.

Überdurchschnittliche Handlichkeit und Beherrschbarkeit des Fahrzeuges durch direkte Lenkung, gute Fahrwerkabstimmung.

Erhöhte Kurvengrenzgeschwindigkeit, dadurch große Sicherheitsreserve im Normalbetrieb.

5-Gang-Getriebe ermöglicht differenzierte Abstimmung an Steigungen und an die jeweiligen Fahrsituationen.

Sehr kurze Schaltzeiten mit der robusten Porsche-Synchronisierung und rasche Rangiermöglichkeit durch gegenüberliegenden Rückwärts- und Anfahrgang.

Gürtelreifen mit Allwetterprofil, dadurch gute Bodenhaftung bei nasser und verschmutzter Fahrbahn, geringe Längsfugenempfindlichkeit auf Autobahnen.

Übersichtliches Cockpit mit ausgereifter Anordnung des Hand- und Fußhebelwerkes
guten Sitzkomfort für längere Fahrzeiten.

Absolut wartungsfreies robustes Fahrwerk mit Gleitschuhen zum Schutz der Lenkerlager, damit unempfindlich gegen Beschädigungen.

Serienmäßige Verwendung von Schichtglas an der Frontscheibe, dadurch keine Sichtbehinderung bei Beschädigungen infolge Steinschlag.

Große Deformationsmöglichkeit der Vorderpartie, dadurch Sicherheit bei Unfällen.

Wirtschaftlichkeit im Verbrauch auch bei erhöhter Dauergeschwindigkeit

Große Wartungsintervalle bei guter Service-Organisation.

7 STUTTGART-ZUFFENHAUSEN PORSCHESTRASSE 42 TELEFON 0711/89141 TELEX PORSCHEAUTO 072/3521

306 50 M 6.66 Gl.

Schon kurz nach dem Start der Baureihe war der 911 in Polizeiausführung erhältlich. Die Wahl der Targa-Variante war eigentlich eine Notlösung, denn die bisherigen Einsatzwagen auf 356-Basis waren Cabriolets. Mangels Verfügbarkeit schwenkte man auf den Targa um, der eine ähnlich gute Rundumsicht bot.

Die niederländische Rijkspolitie ließ nur verheiratete Fahrer oder Väter ans Steuer, um allzu leichtsinniger Fahrweise entgegenzuwirken.

In einer feierlichen Zeremonie übergab Ferry Porsche den 100.000. gebauten Porsche 1966 an die Baden-Württembergische Polizei (oben rechts). Die exklusive Alex Edition des 991 ist eine Hommage an die Ausführung der niederländischen Polizei (unten).

DER TARGA WIRD ZUR STILIKONE

TARGA PER POST: DER KULTURBOTSCHAFTER

Ausgabetag 2. Januar 2016: Mit dem Porsche 911 Targa und dem Ford Capri 1 bringt die Deutsche Post die Sondermarken-Serie „Klassische deutsche Automobile" in den Umlauf. Die Post verkauft die neuen Briefmarken-Motive pünktlich zur Erhöhung des Portos für Standardbriefe, das von 62 Cent auf 70 Cent steigt. Laut der Deutschen Post lassen beide Fahrzeuge „bis heute die Herzen der Autoliebhaber höherschlagen" und erobern als Sportcoupés ein ganz neues Marktsegment. Weiter heißt es, dass der Porsche Targa und der Ford Capri bereits bei ihrer Premiere Neuland betreten, Emotionen geweckt und für Aufsehen gesorgt haben. Dem 911 Targa wird zugeschrieben, „kein Coupé, kein Cabrio, aber irgendetwas dazwischen zu sein" – eine ganz neue Fahrzeugkategorie.

Vier Jahre nach dem Targa kommt der Ford Capri 1969 als „kleiner Bruder" des US-Bestsellers Ford Mustang auf den europäischen Markt, der mit einer Mischung aus Sportwagenoptik, grundsolider Großserientechnik und erschwinglichem Preis dem Targa in nichts nachsteht. Zur Briefmarken-Serie gehören außerdem ein roter BMW 507 und ein weißer Mercedes 220 S (W111), die mit einem Wert von 1,45 Euro für größere Briefe verfügbar sind.

Es folgen weitere automobile Briefmarken-Motive zu den Themen Coupé und Rallyesport. Das Bundesfinanzministerium ist Herausgeber der deutschen Briefmarken und bezeichnet sie als „Deutschlands kleinste Kulturbotschafter".

911 TURBO TARGA (930)
CAR-LIFE-BALANCE

„Porsche ist die beste Familie der Welt", sagt Christian Hartinger. „Wir träumen nicht unser Leben, wir leben unser Leben." Mit seiner Frau Ortrun hat alles in einem Porsche-Club angefangen, hier haben sie sich kennengelernt. Ihre Markenzeichen: Beide sind 1967 geboren, Porsche-Fahrer durch und durch und stets mit ihrem jeweils eigenen Porsche unterwegs – sogar im Urlaub. Mit ihren Roadtrips quer durch die USA haben die Hartingers mittlerweile eine eigene Fangemeinde. „Es war schon immer unser Traum, durch die USA zu fahren. Wir haben inzwischen einen eingespielten Rhythmus: Wir fahren immer vier Wochen am Stück und sind dann wieder vier Wochen zum Arbeiten in Deutschland. Mit dem Turbo Targa schaffen wir 300 bis 400 Meilen pro Tag. Mit all unseren Autos haben wir schon 120.000 Meilen geschafft." Christian arbeitet als Architekt, Ortrun hat in Pharmazie promoviert und betreibt eine eigene Apotheke. Das seltene Modell 930 Turbo Targa wurde ab dem Modelljahr 1987 angeboten, nachdem das Topmodell 911 Turbo ab 1974 zunächst nur als Coupé erhältlich war. Für Ortrun hat der Turbo Targa eine besondere Bedeutung: „Schon als Kind hatte ich das Ziel vor Augen, einen Porsche zu fahren. Meine Mama sagte damals: ‚Das geht nicht.' Das war vermutlich der Ansporn", so Ortrun Hartinger. „Der erste Porsche, in dem ich mitgefahren bin, war ein Turbo Targa. Das vergisst man nicht." Im Frühjahr 2022 lässt das Ehepaar ihr Fahrzeug mithilfe des Porsche Sonderwunsch-Programms in den Originalzustand des Modelljahres 1989 zurückversetzen. Zwei Jahre später ist der Wagen komplett restauriert, von der US-Ausführung zu einer „Rest der Welt"-Ausführung umgestellt, statt schwarz glänzt das Fahrzeug nun in Amazonasgrünmetallic und im Interieur finden sich gelbe Lederakzente in Giallo Belenus. „Es gibt fast nichts Besseres als so ein Fahrzeug zu bewegen. Wir wollen einfach unterwegs sein. Mit einem Targa erfährt man die Natur viel direkter und optisch ist er einfach unübertrefflich."

S HE 911

DER TARGA WIRD ZUR STILIKONE
50 JAHRE PORSCHE DESIGN EDITION

„Ein Targa aus den frühen Siebzigerjahren strahlt für mich heute eine gewisse Romantik aus. Es geht dabei vor allem um die Details", sagt der ehemalige CEO und Chefdesigner der Porsche Design Group, Roland Heiler. „Der gebürstete Edelstahlbügel wertet das Fahrzeug auf und vermittelt gleichzeitig ein anderes, eigenes Sportwagengefühl. Der 2022er Targa hat zudem einen betont muskulösen Look – er ist für mich eine überaus gelungene Designalternative zum 911 Coupé." Zum 50. Geburtstag von Porsche Design werden 2022 zwei besondere Editionsmodelle vorgestellt: der exklusive, auf 750 Exemplare limitierte Porsche 911 Edition 50 Jahre Porsche Design und – als historisches Pendant – ein von Porsche Classic restaurierter 911 S 2.4 Targa aus dem Porsche Design Gründungsjahr 1972. Das Sondermodell basiert auf dem 911 Targa 4 GTS und erinnert in zahlreichen Ausstattungsdetails an die Design-Ikonen von F. A. Porsche. Neben der Exterieurfarbe Schwarz uni sind die mit Sport-Tex in klassischem Karomuster bezogenen Mittelbahnen der Sitze und der rote Sekundenzeiger der Porsche Design Subsecond-Uhr des serienmäßig verbauten Sport-Chrono-Pakets eine besondere Reverenz an den Design-Klassiker.

Anlässlich des 50. Geburtstags von Porsche Design hat Porsche Classic ein einzigartiges Projekt umgesetzt, den 911 S 2.4 Targa aus dem Porsche Design-Gründungsjahr 1972. Das einzigartige Fahrzeug-Paar ist durch das neue Porsche Sonderwunsch-Programm umgesetzt worden. Die Designer und Mitarbeitenden der Werksrestaurierung haben die Spezifikation des Neuwagens behutsam auf den Klassiker übertragen. Beide Fahrzeuge verbindet die Farbgestaltung, die an den von Ferdinand Alexander Porsche entworfenen, legendären Chronographen I von 1972 anknüpft: Es dominiert in Exterieur wie Interieur die Farbe Schwarz. Die Käufer der Fahrzeug-Sonderedition können eine spezielle Version des Chronografen als Neuauflage erwerben: der Chronograph 1 – 1972 Limited Edition unterstreicht mit Elementen wie Limitierungsnummer oder Aufzugsrotor in Felgenform die Verbindung zum 911 Edition 50 Jahre Porsche Design. Zu beiden Fahrzeugen gibt weitere Accessoires wie Modellautos, eine limitierte Targa-Lederjacke und passende Targa-Handschuhe, die Details des 1972-Modells nachempfunden sind.

3 | BESONDERE FAHRZEUGE

„Wir haben uns nicht
damit begnügt, einen Sportwagen
zu bauen, der nur sportlich ist."
-Dr. Ferry Porsche-

DER 911 TARGA UND SEINE GESCHICHTEN

ZEITLOSE ELEGANZ | EIN STATEMENT WIRD ZUM UNDERSTATEMENT

Das Zitat von Firmenchef Ferry Porsche aus dem Jahr 1972 gibt dem 911 Targa eine klare Richtung vor. Lackierungen in Brauntönen werden selten gewählt, dabei vermitteln sie eine natürliche Ausstrahlung: Sie wirken warm, elegant und strahlen gleichzeitig eine Naturverbundenheit aus.

DER 911 TARGA UND SEINE GESCHICHTEN

MODELL GESTANDEN: VON EINER LIEBES- UND LEBENSGESCHICHTE

„Für mich gibt es nur den einen, und das ist der 911 Targa", sagt Michaela Fröschle an ihrem Esstisch. „Ich kann gar nicht genau beschreiben, was es eigentlich ist. Ich schaue mir den Targa einfach unheimlich gern an." Welche Verbindungen das Leben bereithält und wie schön es ist, sich einer gemeinsamen Sache zu widmen, zeigt der Lebensweg von Mathias und Michaela Fröschle. „In unserem Badezimmer steht bis heute ein 1:87-Modellauto, das ich meiner Frau in unserer Kennenlernphase geschenkt habe", berichtet Mathias Fröschle. Er hat das ursprüngliche Coupé zu einem Targa umgebaut, selbst das Kennzeichen hat er in liebevoller Handarbeit auf das kleine Modellauto übertragen. „Damals gab es noch kein Targa-Modellauto in dem Maßstab und ich wollte Michi natürlich beeindrucken. Ich war noch mitten im Studium und weit davon entfernt, bei Porsche zu arbeiten oder überhaupt daran zu denken", erzählt der Ingenieur für Fahrzeugtechnik, der mit 37 Jahren beim Sportwagenbauer einstieg und für die Dachkonzepte in der Vorentwicklung verantwortlich war. Als wäre es vorbestimmt gewesen, wird Mathias nach dem Studium ein versierter Karosserieexperte und entwickelt zunächst Cabriolet-Verdeckkonzepte bei einem Lieferanten von Porsche. Durch Fleiß und Know-how avanciert er zum Dach-Spezialisten, wechselt 1999 zum Stuttgarter Sportwagenbauer und wird dann zu einem der Innovatoren beim Targa. Mit seinem Team ist er an der Rückkehr des legendären Targa-Bügels im 911 vom Typ 991 beteiligt, entwickelt mehrere Konzepte und ist unter anderem an der Entwicklung der Targa-Verdeck-Kinematik beteiligt.

„Der Ur-Targa hatte für uns als Paar schon lange eine tiefere Bedeutung. Es ist erstaunlich, dass ich später in meinem Berufsleben mit meinem Team an der Weiterentwicklung des Targa mitarbeiten konnte, und dann auch noch auf diese innovative Weise", erzählt der Ingenieur. Der 911 Targa mit seinem unverwechselbaren Charakter zieht sich wie ein Band durch das gemeinsame Leben der sympathischen Familie, das Fahrzeug ist eine feste Verbindung. Doch es kommt noch besser: Im Jahr 2009 verwirklicht sich das Ehepaar einen langgehegten Traum und kauft sich einen 911 T Targa aus dem Jahr 1971. „Es ist unter anderem auch unser Reiseauto, die Idee zum Kauf kam von meiner Frau", sagt Mathias stolz. „Im Sommer geht es damit immer wieder auf Reisen. Ein paar Kratzer am Auto? Da haben wir gesagt, das macht uns bei dem Fahrzeug nichts aus. Wir wollen damit die Welt um uns herum erkunden." Erinnerungen mit neuen Eindrücken verbinden, das geht am besten beim offenen Fahren. „Wenn wir mit dem Targa unterwegs sind, werden wir überall angesprochen. Die gelbe Farbe hat so eine positive Ausstrahlung, wir haben dadurch schon viele tolle Begegnungen gehabt", sagt Ehefrau Michaela. Die einmaligen Eindrücke von Natur und Umgebung durch das einmalige Offenfahrgefühl tun ihr Übriges und machen den Klassiker zu einem echten Liebling.

Als wären diese Verbindungen nicht schon filmreif genug, erhält der hellgelbe Targa der Familie Fröschle noch eine weitere bedeutende Rolle. Mathias arbeitet damals schon lange mit Grant Larson aus dem Studio zusammen, unter anderem an neuen Vorentwicklungs-Konzepten und dem neuen Targa-Konzept. „Eines Tages rief mich Grant an und fragte mich mit seinem amerikanischen Akzent, ob ich morgen nicht mit dem Targa ins Büro kommen könne? Das habe ich dann auch ein paar Mal gemacht", erzählt der Karosserieexperte, dessen Büro im Entwicklungszentrum Weissach damals unweit des Designstudios liegt. Grant Larson ist einer der bedeutendsten Exterieur-Designer der Porsche AG, neben dem Boxster und dem Carrera-GT-Showcar hat er viele weitere Spezialprojekte für den Sportwagenhersteller realisiert. Als feststeht, dass der legendäre Targa-Bügel bei der Baureihe 991 zurückkehren soll, muss auch immer wieder ein klassischer Targa als Vergleichsfahrzeug Pate stehen – im vorliegenden Fall übernimmt das der hellgelbe F-Targa der Familie Fröschle. „Eines Tages, weit nach 18 Uhr, rief mich Grant dann an und sagte: ‚Mathias, du kannst deinen Targa wieder abholen, danke dir.' So war es." Die besten Geschichten schreibt eben doch das Leben. Und ein Stück weit auch der Sportwagenhersteller Porsche mit seinen Mitarbeitenden.

ES DT 71H

ES DT 71H

ES DT 71H

FAHRZEUGDATEN
911 T TARGA

Modelljahr:	1971
PS:	125 (92 kW)
Hubraum:	2,2 l
Farbe:	hellgelb
Dach:	faltbar
Reifen:	klassisches Profil
Fahrwerk:	original
Modell:	USA
Fensterheber:	manuell
Sonderausstattung:	Klimaanlage (nicht mehr verbaut), Zierleisten am Radausschnitt, Komfortausstattung, Fuchsfelgen
Besonderheiten:	Meilentacho, rote US-Blinker, unrestauriert, Werksabholung in Zuffenhausen mit Erstzulassung in Massachusetts (Vorbesitzer)

„Streetwise“, so sollte er sein: Bei der Konzeption der TV-Rolle wird schnell klar, dass der Stuttgarter Kommissar Thorsten Lannert mit bewegter Vergangenheit einen Wagen fahren sollte, der auch zu seinem Typ passt.

DER 911 TARGA UND SEINE GESCHICHTEN
„DEIN FREUND UND HELFER" | DER TARGA ALS EINSATZFAHRZEUG UND MARKENZEICHEN AUS DEM LÄNDLE

„Es war mein Vorschlag, dass zum Charakter des TV-Kommissars ein sportlicher Oldtimer passen würde. Auch sollte die Serie warm wirken. Der 911 Targa in Cockneybraun war das einzige Fahrzeug, das damals verfügbar war – es hätte auch ein Coupé sein können."

Richy Müller über sein Dienstfahrzeug im „Tatort" aus Stuttgart

Die Symbiose. Bei einer lang laufenden Reihe wie dem „Tatort" wird immer darauf hingearbeitet, etwas Unverwechselbares zu kreieren, das besonders für diese Reihe steht, in Erinnerung bleibt. Der Vorspann und die damit verbundene Titelmelodie von Komponist Klaus Doldinger zählen dazu sowie auch wiederkehrende Erkennungsmerkmale einzelner Kommissare.

Bei mehr als 40 Einsätzen trug Götz George alias Horst Schimanski eine beige-graue M65-Feldjacke, die nie ganz sauber war und damit den Charakter des Tatort-Kommissars „mit Herz, Faust und Schnauze" unterstrich. Die Jacke stand ihm bei seinen Ermittlungen und der Verbrecherjagd als treuer Begleiter zur Seite. Ähnlich wie Schimanskis Jacke hat auch der cockneybraune 911 Targa im Stuttgarter Tatort mit Blaulicht auf dem Kunststoffdach Kultstatus erreicht. „Natürlich soll das Fahrzeug des Kommissars in gewisser Weise Eindruck machen. ‚Der Tatort-Targa ist die Schimanski-Jacke des 21. Jahrhunderts', so hat es eine Autozeitschrift mal umschrieben", sagt Schauspieler Hans-Jürgen Müller alias Richy Müller, der seit 2008 als TV-Kommissar Thorsten Lannert in regelmäßigen Abständen im Tatort Kriminalfälle löst.

Der Oldtimer ist mehr als nur eine Requisite, auch er ist längst zum Markenzeichen des Stuttgart-Tatorts geworden. Als die Rollen für den neuen Tatort in der schwäbischen Metropole mit Thorsten Lannert und Sebastian Bootz konzipiert wurden, sind Outfit, Waffe, Wagen zu wichtigen Attribute geworden. Der Look des neuen Formats aus Stuttgart hat sich an der bekannten US-Serie „Die Straßen von San Francisco" orientiert; der warmen Farbpalette der 1970er-Jahre, der sommerlichen Hitze, dem Staub.

Kommissar Lannert soll unkonventionell und „streetwise", also gewieft und clever erscheinen. Schnell wird klar, dass Thorsten Lannert für die Rolle ein altes, braunes Auto fahren sollte. Doch der Markt für erschwingliche sportliche Oldtimer wird selbst zur sportlichen Herausforderung. Der SWR wird schließlich in den USA fündig, doch der amerikanische Re-Import hängt länger als gedacht bei der Zollabwicklung fest, sodass das Drehbuch für Folge eins umgeschrieben werden muss. Also fährt Richy Müller alias Thorsten Lannert in seinem ersten Stuttgarter Tatort 2008 den Mercedes der Staatsanwältin zu Schrott, um danach die eingetroffene braunlackierte Requisite in Szene zu setzen – die 1975, 33 Jahre zuvor, nur wenige Kilometer entfernt in Zuffenhausen vom Band gelaufen ist. Dass sich die Sendeanstalt für den Targa entscheidet, ist eher ein glücklicher Zufall. „Der Sender hatte die Idee eines Farbkonzepts. Der Tatort aus Stuttgart soll warm wirken und wenn man sich unser Präsidium ansieht, ist alles in Erdfarben gehalten oder auf Brauntöne abgestimmt. Das war auch der Grund, warum das Auto nicht blau oder silber sein sollte. Dass es dieses Fahrzeug in braun gab, als Targa, war also ein Glücksfall. Es hätte auch ein Coupé sein können", beschreibt Müller sein Arbeitsumfeld in der ARD-Reihe. 2026 feiert Müller 50-jähriges Jubiläum im Schauspielberuf. In „Die große Flatter“ hatte er 1979 seinen Durchbruch und verwendet seitdem den Namen seiner Filmfigur, Richy, als seinen eigenen Rufnamen. Es ist ein Muster, eine Beständigkeit, die auch bei seiner Tatort-Rolle und der Verbindung zum Sportwagen Targa deutlich wird – Name, Fahrzeug und Charakter als etwas Beständiges, Dauerhaftes, eine Prägung für das eigene Leben. „Als mir damals die Rolle vom SWR angeboten wurde, fragte man mich, wie ich mir die Figur des Thorsten Lannert so vorstelle“, erläutert Richy Müller diese Traumrolle im deutschen Fernsehen. „Ich habe mir den Kommissar als jemanden vorgestellt, der leidenschaftlich in seinem Beruf arbeitet; der unbestechlich ist, aber ein Gespür dafür hat, auch mal ein Auge zuzudrücken. Und er ist gewissenhaft. Als Schlusssatz habe ich damals gesagt: ‚Ich empfinde die Figur als körperlich fit, schnell im Kopf, jemanden, der zuhört, der nicht abfragt, sondern in die Menschen hineinschaut und zu dieser Figur würde ein Sportwagen passen.‘ Das Wort Porsche habe ich nicht genannt. Dass es ein Porsche wurde, hat mich gefreut“, beschreibt Schauspieler Müller das erste Charakterprofil und drückt damit auch die persönliche Haltung zu seiner TV-Rolle aus. „Lannert ist ein Solitär. Mir war wichtig, dass er jemand ist, der den Job einfach gern macht, der sich bewusst dafür entschieden hat, nicht darunter leidet und wirklich versucht, Gerechtigkeit herzustellen. Der Targa ist hier wie ein Anzug – das Auto ist ein Teil von Thorsten Lannert und seiner Persönlichkeit. Mit der markanten, seltenen Farbe hat sich dann alles gefügt und die Zuschauer goutieren das“, sagt Müller.

Die Faszination fürs Automobil zeigte sich bei Richy Müller schon früh. Aufgewachsen im Mannheimer Stadtteil Seckenheim, verbindet der gelernte Werkzeugmacher mit dem Fahren das Gefühl der Freiheit, von Unabhängigkeit. „Mein erstes Gefährt als Kind war ein Tretroller, damit war ich schneller als zu Fuß. Es gab mir diese Freiheit, selbst entscheiden zu können, wohin ich fahre oder gerade unterwegs sein will“, erkennt Müller rückblickend. „Danach ging es weiter mit dem ersten Fahrrad und dann hatte ich ein Moped. Mein erstes Auto war ein Käfer und das Ziel war schon damals, so nah wie möglich an einen Porsche heranzukommen. Autos haben irgendwie eine Seele, davon bin ich überzeugt. Es ist auch die Form, die einen anspricht“, so Müller. Dahinter stehen für den Schauspieler auch die Erlebnisse, die diese Beziehung formen. Das Fahren und Unterwegssein im Auto macht dem Sportpiloten einfach Spaß.

1997 legte Richy Müller seine Profi-Fahrerlizenz ab, um auch selbst Rennen zu fahren. Er schöpft Kraft daraus, hinter dem Steuer zu sitzen. „Heutzutage geht das leider ein bisschen verloren. Autos sind nicht nur Gegenstände zur Fortbewegung, sondern können auch ein Teil von einem sein. Wenn man aufsteht und sich wirklich an dem Anblick freut, an der Gestalt, der Form und dem, was man zusammen erlebt. So geht es mir, wenn ich meine Frau sehe oder einen Menschen, den ich mag.“ Zum Set fährt Richy Müller stets mit dem eigenen Auto und er dreht auch alle Fahrszenen im Film selbst. „Dann bin ich einfach unabhängig und kann mich in den Pausen oder zwischen zwei Szenen auch mal zurückziehen, für mich sein.“ Es muss doch langweilig sein, beruflich und privat zwei nahezu gleiche Fahrzeuge zu fahren, wird Müller beim Interview im Tatort-Targa gefragt. „Ganz und gar nicht“, erwidert er. „Ich bin stolz, den Targa fahren zu dürfen, und er rundet die Figur Thorsten Lannert ab“, so der Schauspieler, der für sein soziales Engagement 2017 mit dem Baden-Württembergischen Landesverdienstorden ausgezeichnet wurde.

Auf sein Kennzeichen wird er häufig angesprochen. „Ein Passant fragte mich kürzlich, ob mein Nummernschild eine Bedeutung hätte. Ich sagte: ‚TL steht für Thorsten Lannert‘, woraufhin er meinte: ‚Und das TS vorn steht für Tatort Stuttgart?‘ Das macht alles noch stimmiger.“ Das TS am Kennzeichen steht tatsächlich für den oberbayerischen Landkreis Traunstein, Müller lebt mit seiner Familie im Chiemgau.

Eigentlich wollte er sich den cockneybraunen Targa privat gar nicht zulegen. „Jens Walther, der damalige CEO von Porsche Motorsports North America, rief mich eines Tages an und meinte: ‚Vor mir steht ein Targa, der sieht genauso aus wie dein Tatort-Targa‘“, erzählt Müller. „Bis auf wenige Details, wie das Baujahr, die Ausführung und die Fensterheber, sind die beiden Autos fast identisch. Das ist so selten, da musste ich zugreifen.“ Also fährt Richy Müller beruflich und privat zwei nahezu identische braune Targa-Modelle, das gibt es doch nur im Film. „Wenn ich in den Targa einsteige, erinnert es mich an meine frühen Jahre. Der Fußraum sieht aus wie bei meinem damaligen Käfer. Nur jetzt habe ich genau das, was ich damals schon gern gehabt hätte, einen Porsche.“ Da ist er also, dieser Augenblick, und das Gefühl, dass es möglich ist, sich seine eigenen Träume zu erfüllen.

Schauspieler Richy Müller steht vor zwei 911-Targa-Modellen in cockneybraun aus den 1970er-Jahren. Im Vordergrund der Sportwagen mit Blaulicht, den er beruflich als TV-Kommissar Thorsten Lannert in der Stuttgarter Ausgabe der ARD-Reihe „Tatort“ fährt. Das zwei Jahre jüngere Modell (links) ist sein eigenes Auto, das er sich nach dem Start der Drehaufnahmen selbst gekauft hat.

Viele Zuschauer fragen sich, wie der Magnet des Blaulichts am Targa-Dach aus Kunststoff hält. Die Requisiteure des SWR waren erfinderisch und montierten dafür eine Stahlplatte unter das Dach, damit auch bei einer Verfolgungsjagd alles sicher hält. Das Blaulicht selbst besteht inzwischen aus LED-Leuchten.

Chauffeur ist er selbst: „Ich fahre auch zum Set mit meinem eigenen Auto. Dann bin ich einfach unabhängig und habe immer einen privaten Raum bei mir", sagt Richy Müller, der vor fast fünfzig Jahren sein Debüt als Schauspieler gab.

TS TL 26H

FAHRZEUGDATEN
911 TARGA | „RICHY"

Modelljahr:	1977
PS:	165 (121 kW)
Hubraum:	2,7 l
Farbe:	cockneybraun, englisch: Bitter Chocolate (408)
Spiegel:	in Wagenfarbe
Dach:	Faltdach
Reifen:	Sommer
Fahrwerk:	Sport
Modell:	Kanada
Fensterheber:	elektrisch
Fun fact:	Kilometertacho

targa

„DER DUFT VON SOMMER IN DER NASE, DER WARME FAHRTWIND AUF DER HAUT, DAS SPIEL VON LICHT UND SCHATTEN DURCH DAS OFFENE DACH – UND MITTENDRIN DIESES GEFÜHL, VOLLKOMMEN IM MOMENT ZU SEIN. DAS IST MEIN TARGA-VIBE.“

Dominik Hildebrandt
begeisterter Targa-Fahrer aus Stuttgart, über seinen 911 SC Targa und was er für ihn verkörpert. Ein Klassiker, der nicht nur für Sonntagsausfahrten gedacht ist, sondern auch im Alltag überzeugt – und in den Sommermonaten als echtes Familienauto zum Einsatz kommt. In Stuttgart wird sein Porsche, den er liebevoll „Hans“ nennt, häufig mit dem Tatort-Targa verwechselt.

Der Targa-Vibe. „Rückblickend erinnere ich mich an zwei Erlebnisse mit einem 911 Targa, die meine Faszination für das Fahrzeug prägten," sagt Dominik Hildebrandt. „Ich war verantwortlich für ein Filmprojekt über Boxermotoren mit Hans Mezger. Als ich mir dann während Corona den 911 gekauft habe, war klar, dass ich ihn „Hans" nennen werde. Als Erinnerung an die Gespräche, die Erinnerungen, alles, was er mit mir geteilt hat. Das hat mich tief beeindruckt", gesteht der Brand & Marketing-Spezialist, der bei Porsche seine Berufung gefunden hat. Hildebrandt ist gelernter Drucker und gefragter Hobby-Fotograf. Während seines Studiums hat er mit zwei Studienkollegen eine Kreativagentur aufgebaut, Anfragen erhält er bis heute – so auch für dieses Buch. „Mit Hans Mezger haben wir damals in der Nähe von Ulm gedreht. Er hatte mich gebeten, ihn zu Hause abzuholen, da ihm die Fahrt zum Drehort zu weit war. Während der mehrstündigen Fahrt in einem 991 Targa hat er mir unzählige Geschichten über die Arbeit in den 1950er-Jahren, die Entwicklung des heute weltbekannten 6-Zylinder-Boxermotors und die Erfolge im Motorsport erzählt. Danach stand für mich fest, dass ich irgendwann in meinem Leben auch einen Targa mit einem luftgekühlten Mezger-Motor besitzen wollte", so Hildebrandt.

Dazu beigetragen hat wenig später eine weitere Begegnung. Beruflich hatte er mit den großen Filmstudios aus Hollywood zu tun, eine Dienstreise nach Los Angeles stand bevor. „Es war wie in einem Film, unser Kollege vor Ort hat mich ohne Ankündigung mit dem 911 Targa seines Vaters am Flughafen abgeholt. Es war das erste Mal, dass ich mit einem klassischen Targa-Modell in Berührung gekommen bin – und dann war es auch noch ein Ur-911, in den USA", schwärmt er. Die Fahrt führt durch die ikonischen Straßen von Beverly Hills, in einem Porsche – einmalige Eindrücke entstehen. „Wir sind mit dem wunderschönen Oldtimer durch West Hollywood gefahren. Das allein ist schon unglaublich. Ohne Dach über dem Kopf wirkt es, als öffne sich ein kleines Fenster zur Welt. Plötzlich nahm ich während der Fahrt ganz andere Dinge wahr: das Zwitschern der Vögel, den Wind in den Palmen, selbst der Motor klang lebendiger als im Coupé. Und gerade weil der Targa nicht ganz offen ist, entsteht dieser ganz besondere Mix aus Geborgenheit und Freiheit."

Im Sommer 2021 entscheidet sich der junge Familienvater für einen 911 SC Targa aus dem Jahr 1979 in Kupferdiamantmetallic, mit passendem Interieur in Kork. „Und dann plötzlich stand ich vor diesem braunen 911 und wusste nach wenigen Sekunden: Der ist's," beschreibt Hildebrandt die Besichtigung vor dem Kauf. Später hat sich dann herausgestellt, dass das Fahrzeug 1979 nach San Diego in Kalifornien ausgeliefert worden war – damit schließt sich für Hildebrandt der Kreis. Der für seine Kreativität bekannte Porsche-Fahrer entschied sich später, das Fahrzeug mit eigenen Akzenten zu versehen und ließ die Sitze mit originalem Porsche-Pepita in Braun-Weiß-Schwarz veredeln.

Es sind die persönlichen Geschichten und seine eigenen Erfahrungen, die Dominik mit dem Fahrzeug verbinden. „Als ich mich mit dem Fahrzeugkauf auseinandergesetzt habe, war immer klar, dass es ein Targa wird. Die Erlebnisse haben mich so stark geprägt und die Designsprache ist so besonders, das hat für mich kein anderes Automobil", sagt er überzeugt. „Dieses Gefühl will ich einfach nicht mehr missen – es ist dieser ganz eigene Targa-Vibe. Wenn ich mit „Hans" unterwegs bin, zählt nur der Moment. Ich spüre jede Kurve, genieße das Spiel aus Geschwindigkeit, Sonne und Luft. Die Verbindung zur Natur, das offene Dach, der Klang. Es ist Freiheit, wie ich sie sonst nirgends finde."

911SC

S DN 808 H

FAHRZEUGDATEN
911 SC TARGA

Modelljahr:	1979
PS:	180 (132 kW)
Hubraum:	2.994 cm³ (3,0 Liter)
Farbe:	Kupferdiamantmetallic (443)
Spiegel:	in Wagenfarbe
Dach:	faltbar
Fahrwerk:	original
Modell:	USA
Besonderheiten:	Recaro-Sitze mit original Porsche-Pepita-Sitzmittelbahn, Carrera-Aufkleber des 911 RS 2.7 Prototyp, 16" Leichtmetallräder „Fuchs-Felge", elektrische Fensterheber, schwarzmatter Targa-Bügel

Gipfeltreffen in Böttingen, einer Industriegemeinde im Landkreis Tuttlingen. Hier treffen sich die besonderen 911-Targa-Modelle dieses Bandes. Farbe, Kennzeichen, Modell oder Baujahr: Jedes Fahrzeug hat seine eigene Geschichte und repräsentiert doch immer auch den oder die Besitzer.

UT 71H
S W8H

PORSCHE

targa

DER 911 TARGA UND SEINE GESCHICHTEN
EHRLICHE SPUREN | HANDARBEIT

„Dank des Bügels und der großen Heckscheibe hat der Targa ein einzigartiges Design. Sobald man einsteigt, fühlt es sich an wie ein Urlaubstag im Sommer: Wenn das Dach und die seitlichen Aufstellfenster offen sind, weht ein kühles Lüftchen durch den Innenraum – wie eine erfrischende Brise am Meer." Das sind die Worte von Kuno Werner, wenn er an seinen 911 Targa denkt. Der 911 S Targa von 1976 ist hellgelb, ausgestattet mit einer 2,7-Liter-Maschine und verfügt über 165 PS. Ein Liebhaberfahrzeug? Vor allem ein Fahrauto. „Ich wollte kein originales Sammlerfahrzeug, bei dem einen jeder Steinschlag zusammenzucken lässt. Sondern eins, mit dem ich sorglos fahren kann. Aber es sollte etwas Besonderes bleiben. Die Entscheidung für das Konzept Targa ist ja eine ganz bewusste Wahl", urteilt Werner. „Ich habe zwei automobile Leidenschaften: Das ist der 993 und der Targa. Beide sind für mich gerade deshalb die perfekten 911-Modelle, weil sie in manchen Details unperfekt sind und dadurch einen authentischen Charakter haben. Erst mit ihren Eigenwilligkeiten werden sie liebenswert."

Mit seinem fahrzeugtechnischen Gespür, seiner Erfahrung und seiner Leidenschaft für Porsche hat Kuno Werner seinen Traumjob gefunden. Er leitet als Teamkoordinator die Werkstatt des Porsche Museums, seitdem sie am Porscheplatz ihre Heimat gefunden hat. Durch die umfangreiche Fahrzeugsammlung des Museums wandert irgendwann fast jedes Modell durch die hauseigene Werkstatt. „Als ich mich für einen Targa entschieden habe, wollte ich unbedingt ein frühes, schmales G-Modell. Die Karosserieform des Ur-Elfers mit der schlanken Taille ist in den ersten G-Serien gut erkennbar", sagt Werner. „Der Targa war ursprünglich ein Nischenfahrzeug, aber er ging stets mit der Zeit. Porsche hat an das Targa-Konzept geglaubt und daran festgehalten – heute hat es sich etabliert. Der Targa ist Lifestyle. Wer ihn fährt, erlebt ein besonderes Gefühl. Meiner Meinung nach hat kein anderer Autohersteller etwas Vergleichbares geschaffen. Für mich bedeutet jeder gefahrene Kilometer mit meinem Targa pure Fahrfreude."

Mit seinem Team in der Porsche Museumswerkstatt lässt Werner die Historie der Marke aufleben und sorgt dafür, dass die Faszination Porsche nachhaltig bestehen bleibt. Diese Leidenschaft lebt er auch privat. Der Targa ist für ihn etwas Vertrautes. „Mit einem offenen Fahrzeug ist man definitiv näher an der Natur. Gleichzeitig fühlt man sich der Technik näher: Die Geräusche, die Gerüche – alles nimmt man intensiver wahr. Außerdem verkörpert der Targa eine gewisse Vielseitigkeit: Durch den Bügel ist das Auto offen und geschlossen zugleich. Er gibt Sicherheit, schafft Verbundenheit. Durch gemeinsame Ausfahrten haben wir viele Freundschaften geknüpft. Ich empfinde meinen Targa bildlich gesprochen als einen Baum: Er steht fest verwurzelt und sicher, wobei die Wurzeln die vielen Freunde darstellen. Man ist einfach Teil einer Familie." erzählt der bodenständige Fahrzeugmeister. Die Liebe zur Marke teilt er mit seiner Partnerin Iris Haker. Sie ist Kuratorin im Porsche Museum, beide teilen die Freude am Targa. „Seitdem der Sportwagen uns begleitet sind wir schon einige Rallyes mitgefahren. Dabei ist es einfach schön zu sehen, wie wir als Team in wechselnden Funktionen harmonieren."

Ob Rallye oder Ausfahrt: Gemeinsam mit seiner Partnerin Iris Haker genießt Kuno Werner jede Ausfahrt in seinem hellgelben Targa. Ihr Hund Flocke ist fast immer dabei.

S GO 1077
targa
S GO 1935

4 | DIE GLASDACH-MODELLE

(1996–2013)

DER 911 TARGA
TYP 993

Bauzeit 993:	11/1995 bis 04/1998
Modelljahre:	1996 bis 1998, intern: T- bis W-Programm
911 Targa:	4.585 Einheiten
911 Coupé:	46.362 Einheiten
911 Cabrio:	17.934 Einheiten
Gesamt:	68.881 Einheiten

Mit dem 993 Targa als vierte 911-Generation werden viele Neuerungen und auch einige Abschiede gefeiert. Den Targa-Bügel und das herausnehmbare Faltdach ersetzt ein durchgehendes Panorama-Glasdach, das elektrisch bedienbar ist. Gleichzeitig ist dies die letzte Generation mit einem luftgekühlten Heckmotor. Der 911 Carrera wird 30 Jahre alt, löst den Carrera 2 und die Carrera 4 der Baureihe 964 ab.

Die Highlights:

➔ Innovation: das Glasdach-Konzept mit elektrischem Antrieb wird am 15. Oktober 1995 zum Patent angemeldet, der Überrollbügel und das herausnehmbare Dachteil ersetzt.
➔ Inspiration: Vorlage ist die Konzeptstudie Panamericana von 1989, erstmalig entsteht ein Fahrzeug durch digitale Design-Modellierung.
➔ Neues Karosseriedesign: modifizierte Cabriolet-Karosserie, breitere, flacher verlaufende Kotflügel, spitz zulaufende Heckfenster, Überrollschutz: in Wagenfarbe lackierte seitliche Holme aus Stahlblech, die in das Dachmodul integriert sind.
➔ Letzter luftgekühlter 6-Zylinder-Boxermotor mit 3,6 Litern Hubraum
➔ Leistung: 210 kW (285 PS)
➔ Beschleunigung 0–100 km/h: 5,4 Sek.
➔ Höchstgeschwindigkeit: 275 km/h
➔ Listenpreis 08/1995: DM 145.000

DIE GLASDACH-MODELLE
DIE KULTURREVOLUTION DES OFFENFAHRENS

„Alles begann mit der Studie Panamericana Ende der 1980er-Jahre. Durch die schnittigere Karosserieform des 993 konnten wir das Halo-System von der Studie übernehmen und damit den alten Targa-Bügel in seiner Funktion völlig neu überdenken", sagt Designer Stephen Murkett. Von ihm stammen die ersten Entwürfe und Skizzen des Panamericana-Konzeptfahrzeugs, das Ferry Porsche 1989 zu seinem 80. Geburtstag überreicht wurde. Zu den Design-Highlights zählt die nahtlose Linienführung: Jede Linie wird kontinuierlich über das gesamte Fahrzeug fortgeführt.

Drei Gründe haben laut Harm Lagaaij zur Innovation beim 993 Targa-Dach beigetragen: „Die Ästhetik, die Inspiration von der Panamericana-Studie und das Bestreben, durch ein Schiebedach bzw. später durch die Heckklappe wieder mehr Ähnlichkeit zum Coupé herzustellen."

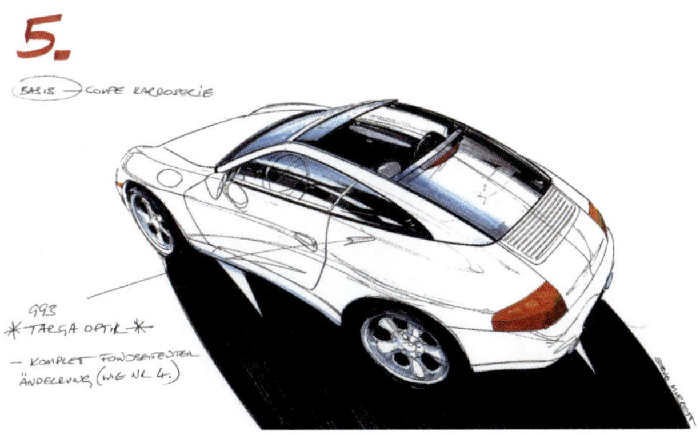

Die Innovation. 30 Jahre 911 Targa markiert gleichzeitig auch den Beginn einer neuen Ära: das Zeitalter eines neuen, einzigartigen Offen-Fahrgefühls. Im Jahr 1995 präsentiert Porsche auf der IAA mit dem Typ 993 den letzten luftgekühlten 911 – wieder in Frankfurt, 30 Jahre nach dem ersten Targa-Auftritt. Zu diesem besonderen Anlass heißt es „alles auf neu“: Der Dach-Charakter, der einen 911 zum Targa macht, wird neu interpretiert und dic markante Glasheckhaube mit dem Überrollbügel sowie das Faltdach werden durch ein großflächiges Panorama-Glasdach ersetzt. Die Glaseinheit aus grün getöntem Drei-Schichten-Sicherheitsverbundglas ist in elektrisch bewegliche Segmente, einen Windabweiser, den Glasschiebedeckel und die Heckscheibe aufgeteilt. Wie ein überbreites Schiebedach fährt der Glasschiebedeckel nun auf Knopfdruck stufenlos in 19 Sekunden nach hinten unter die Heckscheibe und verbleibt dort während der Offenstellung. Die seitlichen, in Wagenfarbe lackierten Längsholme aus Stahlblech verbleiben am Fahrzeug. Sie reichen vom vorderen Scheibenrahmen bis zum Heckteil und bilden die neue Überrollschutzstruktur. Die Vorteile für den Innenraum sind spürbar: weniger Windgeräusche bei mehr Licht, denn bei geschlossenem Dach herrschen reduzierte Windgeräusche vor.

Gleichzeitig sorgt das Glasdach für einen sonnendurchfluteten Innenraum. Porsche lässt auch diese Innovation patentieren und passt parallel die Abläufe in der Produktion an. Obwohl der 993 Targa so völlig anders wirkt, setzt er die Entwicklungsgeschichte nur neu fort. Dazu zählt auch das neue Karosseriedesign: Es basiert auf einer modifizierten, 30 Kilogramm schwereren Cabriolet-Karosserie mit breiteren, flacher verlaufenden Kotflügeln, die sich geradliniger zum Heck ziehen, sowie spitz zulaufenden Heckfenstern. Die „Targa-Cabriolet-Karosserie“ ist mit Aufnahmepunkten für das komplett vormontierte Glasdachmodul versehen, sodass das Modul in der Montage durch Verschrauben und Verkleben an der Karosserie fixiert werden kann. Damit verbindet der 993 Targa erstmals offenen Fahrgenuss mit dem 911, ohne die klassische Dachlinie des Coupés zu verändern – offen ein Targa und geschlossen ein Coupé, lautet das Fazit.

Mit dem angestellten Windabweiser oder bei geschlossenem Dach kann ein ebenfalls elektrisch bedienbares Rollo als Sonnen- oder Kälteschutz ausgefahren werden. Wird das Glasdach geöffnet, schließt sich automatisch zuerst das Rollo. Dazu dienen eine linke und eine rechte Antriebswelle und eine Lösung zur Unterbringung des Antriebsmechanismus wurde gefunden. Zur Serienausstattung zählt eine leistungsstarke Klimaanlage.

Der 993 Targa ist mit einem 6-Gang-Schaltgetriebe erhältlich oder als 4-Gang-Tiptronic S, eine Allradvariante bietet Porsche nicht an. Doch warum folgt nach 30 Jahren der vermeintliche Bruch, die Veränderung hin zu einem Modell, bei dem der Name Targa lange Zeit nicht feststand? Designer Stephen Murkett erinnert sich: „Nachdem wir Ende 1989 mit der Studie Panamericana unsere Runden auf der IAA in Frankfurt und in Tokio gedreht hatten, war das Auto wieder zurück im Designstudio. Mein damaliger Chef Harm Lagaaij sagte dann: ‚Versuch doch mal das Auto straßentauglich oder straßentauglicher zu machen.‘ Mit Michael Gallert habe ich einige Versuche gemacht, um geschlossene Radhäuser zu verwirklichen und das Dach ein bisschen näher an die Windschutzscheibe und den Windschutzscheibenrahmen des 911 zu bringen.“ Hintergrund dieser Überlegungen ist auch die wirtschaftliche Situation in dieser Zeit. Der zweite Golfkrieg hat zu einem globalen wirtschaftlichen Abschwung geführt, der im wiedervereinigten Deutschland in Form einer ersten gesamtdeutschen Rezession erst 1993 zum Tragen kommt.

Bei Porsche kriselt es hingegen schon länger, Anfang 1992 unkt ein bekanntes Nachrichtenmagazin: „In Deutschlands kleinster Autofirma regiert offenbar das Chaos.“ Es gibt zu viele zu verschiedene Baureihen, so wie das 4-Zylinder-Transaxle-Modell des 968, den 911 mit 6-Zylinder-Boxermotor oder den 928 mit 8-Zylinder-V-Motor, die wenig miteinander gemein haben. In Entwicklung und Produktion wird der Modernisierungsdruck immer größer, in den vergangenen vier Jahren hat sich der Absatz halbiert. Dazu Murkett: „Schon Ende der 1980er-Jahre waren die Stückzahlen unten, mit dem 993 ging die Absatzkurve wieder leicht nach oben.

Es war eine angespannte Zeit und das Grundauto, der Turbo und dann der Club Sport waren fertig entwickelt. Da entstand dann einfach der Wunsch, die Lücke zwischen Cabriolet und Coupé zu füllen.“ Murkett weiter: „Das Cabriolet hatte das elektrische Verdeck und bot eine Möglichkeit, das Dach schon während der Fahrt wieder zu schließen. Wir haben also nach einer Möglich-

targa

targa

BUNDESREPUBLIK DEUTSCHLAND

DEUTSCHES PATENTAMT

Gebrauchsmuster

DE 93 21 184 U1

Int. Cl.⁶: B 60 J 7/10; B 60 J 7/04; B 60 J 7/22; B 60 J 7/043; B 62 D 25/00

Aktenzeichen:	G 93 21 184.8
Anmeldetag:	15. 10. 93
aus Patentanmeldung:	P 43 35 653.2
Eintragungstag:	20. 6. 96
Bekanntmachung im Patentblatt:	1. 8. 96

DE 93 21 184 U1

Inhaber: Dr.Ing.h.c. F. Porsche AG, 70435 Stuttgart, DE

Rechercheantrag gem. § 7 Abs. 1 GmbG ist gestellt

Aufbau für Personenwagen

DE 93 21 184 U1

BUNDESDRUCKEREI 06.96 602 231/11 10/7

AM 21

03·04·96

Aufbau für Personenwagen

Die Erfindung betrifft einen Aufbau für Personenwagen nach dem Oberbegriff des ~~Patent~~anspruchs 1.

Es ist ein Personenwagen mit einem Aufsatz bekannt, DE 822 658, der ein geschlossenes Dach umfaßt, was die freie Sicht der Insassen beeinträchtigt. Sinngemäß gilt dies für den Coupè-Aufsatz gem. der DE 11 31 528.

Darüber hinaus ist eine Kraftfahrzeug-Dachkonstruktion bekannt, DE 34 39 880, bei der ein beweglicher Dachabschnitt in eine Aufbauöffnung eingesetzt ist.

Aufgabe der Erfindung ist es, einen Aufbau-Aufsatz eines Personenwagens so zu gestalten, daß die Sicht der Insassen ins Freie verbessert wird und ein relativ großer Dachbereich zu öffnen ist.

Erfindungsgemäß wird diese Aufgabe durch die kennzeichnenden Merkmale des Patentanspruchs gelöst. Weitere, die Erfindung ausgestaltende Merkmale sind in den nachfolgenden Ansprüchen enthalten.

Die mit der Erfindung hauptsächlich erzielten Vorteile sind darin zu sehen, daß der Aufsatz mit seinen Dachabschnitten, die aus Glas bestehen können und teilweise zu öffnen sind, eine zweckgerichtete Kombination aus geschlossenem und offenem Aufbau bilden. Dabei ist nicht nur die Sicht für die Insassen nach oben ausgezeichnet, z.B. um Vorgänge und Landschaftsbilder über dem Dach zu beobachten, sondern es wird durch die beweglichen Dachabschnitte eine gute Be- und Entlüftung des Fahrgastraumes erzielt bzw. die Insassen können, ähnlich wie an einem offenen Fahrzeug, die sich ihnen bietende Umgebung wahrnehmen.

Die beweglichen Dachabschnitte sind nach Art eines Schiebedaches aufgebaut, wobei der erste Dachabschnitt ein Windabweiser ist und der zweite Dachabschnitt das eigentliche Schiebedach bildet. Letzterer ist mittels geeigneter

9321184

Auszüge aus der Patentschrift DE 93 21 184 U1:
Am 15. Oktober 1993 meldet Porsche die Neuinterpretation des Überrollbügels als Erfindung zum Patent an. Der Dachaufsatz ist eine zweckgerichtete Kombination aus geschlossenem und offenem Aufbau, der die Sicht der Insassen ins Freie verbessern soll. Dazu ist ein relativ großer Dachbereich zu öffnen. Die Innovation aus Weissach begründet den automobilen Trend zum Panoramaglas und zu viel Licht im Auto.

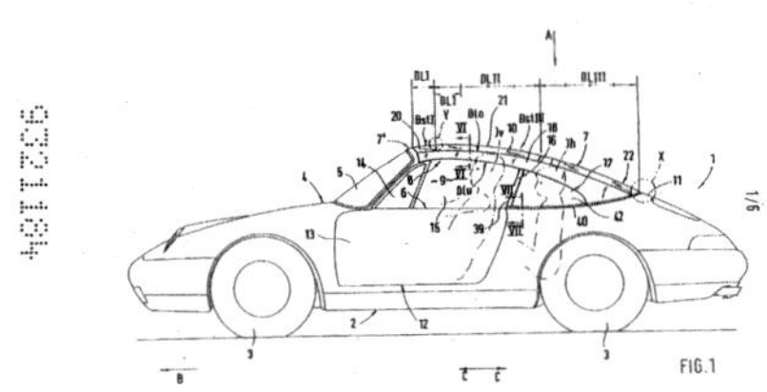

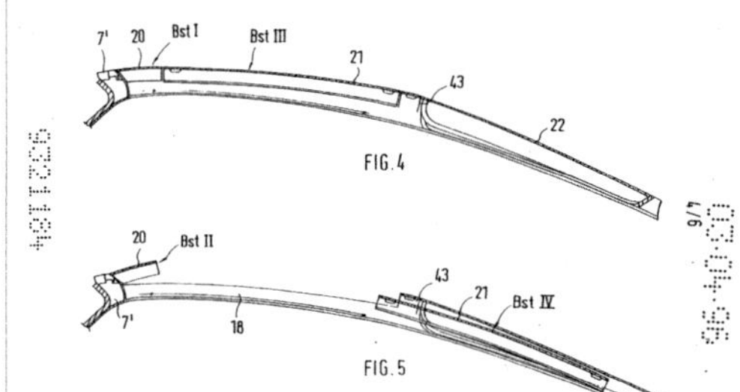

keit gesucht, das Dach auch bei schnelleren Geschwindigkeiten zu öffnen. Der Grundgedanke war: wir wollen die Vorteile eines Schiebedachs mit denen eines Targa kombinieren. Den Halo-Effekt als Sicherheitssystem und Überrollschutz haben wir uns aus dem Panamericana-Konzept geholt“, beschreibt der Designer den Weg der Linienwahl, die von der Panamericana-Studie als Vorlage schließlich zur Targa-Dach-Innovation führt.

Er spricht damit auch die neue Karosserieform des 993 an, die es aus Designsicht möglich gemacht hat, die Sicherheitsstruktur des offenen Targa-Fahrzeugs völlig neu zu denken. Komplett neu ist das Dachkonstrukt bei Porsche indes nicht: Unter der Auftragsnummer 927/57 begann am 1. Mai 1977 die Entwicklung der Machbarkeitsstudie 924 Turbo Targa Prototyp, die ein Coupé mit manuell herausnehmbarem Dachteil und großer gläserner Heckklappe untersuchte. Ergebnis wäre entweder eine eigenständige Stufenheck-Ausführung gewesen oder eine Variante, bei der die Dach- und Heckscheibenkontur so gestaltet ist, dass sich ein gläsernes Dach über die Heckscheibe schieben könnte. Die Entwicklungs- und Werkzeugkosten wurden als zu hoch eingeschätzt, auch die Karosseriesteifigkeit konnte nicht überzeugen, daher wurde die Entwicklung einer Transaxle-Targa-Variante am 29. Februar 1980 wieder gestoppt.Zurück zum 993. Murkett hat mit seinem Team das neue Targa-Dachmodul federführend vorentwickelt, die Konstruktion und der Bau des gesamten Dachmoduls setzt der Sportwagenhersteller mit dem Dachspezialisten Webasto um. Die getönte Glasscheibe wird sieben

924 Targa-Prototyp: das erste Entwicklungsmodell in Gelb mit breitem Bügel von 1977 (links), rechts oben der 924 Turbo Targa-Prototyp in Alpinweiß und das Serienmodell des 924 (unten rechts).

Millimeter dick und lässt nur 62 Prozent des auftreffenden Lichts in den Innenraum passieren. Anpassungen werden bei den hinteren Seitenfenstern vorgenommen, die Heckscheiben sind nun spitz zulaufend. Gegen Ende der Entwicklungsphase kommt wieder das Namensthema auf, so wie schon beim ersten Ur-911 Targa. „Der Begriff Targa war immer da. Nur als der 993 vom Styling so anders aussah als der bisherige Targa, war man intern zuerst vorsichtig mit dem Namen, weil man Sorge hatte, das neue Design könne nicht auf Anhieb verstanden werden", ordnet Murkett die erneute Targa-Namenssuche ein. Sein Kollege Dominik Beierl, der als Ingenieur in der Vorentwicklung Cabriosysteme und Aerodynamikkomponenten tätig war, erinnert sich: „Wir wurden alle aufgerufen, einen Namen für dieses Glasfahrzeug zu finden. Der Gewinner hätte ein Wochenend-Fahrzeug bekommen. Der Name Panorama war längere Zeit hoch im Kurs." Herausfordernder war laut Murkett allerdings die technische Umsetzung: „Das hat teilweise große Probleme mit sich gebracht. Doch wir hatten im Studio gerade mit der digitalen Modellierung angefangen. Und obwohl die Technik so nah an der Oberfläche war, die ganzen Dachschienen oder die beweglichen Elemente in den seitlichen Holmen, hatten wir durch die Digitalisierung einen leichteren Überblick. Auch konnten wir die Package-Vorgaben besser einhalten." Bodo Homann, damaliger Fachabteilungsleiter Konstruktion mobile Dächer, stimmt ihm zu: „Wenn wir das am Brett hätten machen müssen, das wäre eine Katastrophe geworden. So ist der 993 Targa das erste Fahrzeug, das wir in CAD durchgezogen haben."

DER 911 TARGA
TYP 996

Bauzeit 996:	12/2001 bis 03/2005
Modelljahre:	2002 bis 2005, intern: 2- bis 5-Programm
911 Targa:	5.142 Einheiten
911 Coupé:	104.312 Einheiten
911 Cabrio:	65.808 Einheiten
Gesamt:	175.262 Einheiten

Der erste 911 Carrera vom Typ 996 geht mit einem jetzt wassergekühlten 6-Zylinder-Boxermotor an den Start und ist als fünfte 911-Generation völlig neu konstruiert. Der Targa erhält eine aufklappbare Heckklappe als Heckscheibe und verfügt in der Fond-Gepäckablage über ein Stau-Volumen von bis zu 230 Litern. Mit einer Fläche von mehr als 1,5 Quadratmetern ist auch das Glasdach so groß wie nie zuvor. Ab Dezember 2001 gehören Coupé, Cabriolet und der Targa zum Portfolio, der zwischen den beiden Varianten positioniert wird.

Die Highlights:

- → Innovatives Glasdachkonzept: Kombination eines eines automatisch nach hinten fahrbaren, innen geführten Glasschiebedeckels mit einer erstmals im 911 eingesetzten gläsernen Heckklappe
- → Die hochklappbare Heckklappe ist elektrisch zu entriegeln, die Fond-Gepäckablage hat ein Volumen von 230 Litern
- → Das elektrisch zu betätigende Glasdach hat eine Fläche > 1,5 m²
- → Erster wassergekühlter 6-Zylinder-Boxermotor mit 3,6 Litern Hubraum
- → Leistung: 235 kW (320 PS)
- → Beschleunigung 0–100 km/h: 5,2 Sek.
- → Höchstgeschwindigkeit: 285 km/h
- → Listenpreis 08/2001: DM 159.041

targa
S GO 101

Erfrischend eleganter Glashimmel. Mehr Glasfläche hat es bei einem Porsche 911 bislang nicht gegeben: 1,54 Quadratmeter durchsichtiges Glas zieren den neuen 996 Targa – oder spannen sich vielmehr zwischen Windschutzscheibenrahmen und Motorabdeckung. Das innovative Dachkonzept des 996 Targa hat erstmalig einen großen Glasschiebedeckel mit einer eingesetzten gläsernen und elektrisch entriegelbaren Heckklappe kombiniert. Der neue Targa verbindet damit die Vorteile des Offenfahrens mit den Komfort- und Sicherheitsmerkmalen eines Coupé-Modells mit Heckklappe. Das neue Modell basiert auf der 911 Coupé-Karosserie, die zur Aufnahme des Dachmoduls oberhalb der Brüstungshöhe komplett überarbeitet wurde. Die Dachaußenhaut besteht wie beim Vorgänger 993 Targa größtenteils aus Glas und ist in einen vorderen Schiebedeckel mit integriertem Rollo sowie in eine für die bequeme Beladung des Fondraums aufklappbare Heckscheibe aufgeteilt. Hochfeste Stahlrohre, die in die Dachholme des 996 Targa integriert wurden, sorgen für die notwendige Festigkeit und Steifigkeit. Das Glasdach lässt sich per Knopfdruck um bis zu einem halben Meter nach hinten fahren, sodass die maximale Dachöffnungsfläche 0,45 Quadratmeter beträgt.

Das Dach besteht wie die Frontscheibe aus vorgespanntem, splitterfreiem Verbundsicherheitsglas. Ebenfalls automatisch kann ein Stoffrollo unter dem Glasdach ausgefahren werden, das sowohl vor starker Sonnenstrahlung als auch vor abstrahlender Kälte schützt. Der Windabweiser wird über den Schiebedeckel betätigt, der wie das Rollo elektrisch angetrieben wird. Die Heckklappe kann elektrisch ent- und verriegelt werden, lässt sich aber auch manuell öffnen oder schließen. Nach dem Entriegeln muss die beheizbare Scheibe nur kurz angehoben werden, den Rest übernehmen zwei Gasdruckfedern. Die Fond-Gepäckablage mit bis zu 230 Litern Stauvolumen erhält damit einen bequemen Zugang, um Koffer, Taschen oder anderes Reisegepäck einladen zu können. Beim Öffnen werden automatisch zwei Fond-Innenleuchten eingeschaltet, die bei Dunkelheit für genügend Licht beim Ein- oder Ausladen sorgen. Beim Schließen packt eine elektrische Zuziehhilfe mit an. Lieferant CTS Fahrzeug-Dachsysteme GmbH führte die Entwicklungstätigkeiten durch und lieferte die funktionsgeprüften Dachmodule zur Endmontage aus. „Was ich immer toll fand, war das Glasmodul des 996. Das wurde durch die Windschutzscheibe in das Fahrzeug reingeschoben und dann nach oben gehoben. Auch wenn das Grundkonzept von 993 und 996 ähnlich ist und beides Glasdächer sind, ist der Dachmodul-Aufbau doch nicht miteinander vergleichbar“, sagt der damalige Verdeck-Spezialist Dominik Beierl. Der neue 993 Targa ist eine attraktive Erweiterung der bisher angebotenen Karosserievarianten von Coupé und Cabriolet. Dennoch ist anhand der Absatzzahlen schon seit dem 993 ein Trend zu beobachten: Das Cabriolet macht gegenüber der Targa-Ausführung Boden gut. Vom 993 zum 996 haben sich die produzierten Einheiten bei Porsche von 68.881 auf 175.262 Fahrzeuge mehr als verdoppelt – das 911 Coupé hat seinen Anteil ebenfalls verdoppelt, wohingegen das 911 Cabriolet die Stückzahlen von zuletzt 17.934 Einheiten auf 65.808 mehr als verdreifachen konnte. Mit dem 987 Boxster hat 2004 der Siegeszug der Mittelmotor-Roadster bei Porsche begonnen, wovon der Targa bei den Stückzahlen nicht profitieren kann.

Der 996 Targa ist mit insgesamt 5.142 Einheiten wieder erfolgreicher als der direkte Vorgänger mit 4.585 Stück. 2001 eröffnet Porsche in Peking die erste Verkaufsrepräsentanz, China entwickelt sich zu einem der wichtigsten Absatzmärkte. Mit dem 992 erreicht der Targa Ende 2024 seine bislang zweithöchsten Stückzahlen mit 25.658 Einheiten, nach nicht mal fünf Jahren Bauzeit. Nur der Targa der G-Serie hat in 16 Jahren mit 57.371 Einheiten mehr Stückzahlen erreicht. „Es war klar, dass Porsche beim neuen Targa die Qualität verbessern muss. Doch auch stilistisch wurde ein großer Aufwand betrieben und – anders als beim 993 – in den Rohbau eingegriffen. Durch die Entwicklung eines neuen Seitenteils konnte die Fuge vorn am Windlaufrahmen wegfallen und wir konnten ein Verstärkungsrohr in die Seitenholme einbringen, um den Überschlagschutz noch einmal zu verstärken“, beschreibt Beierl die diskutierten Entwicklungstätigkeiten am neuen 996-Targadach.

Integration des Dachmoduls ist der Dachbereich an die spezifischen Anforderungen dieses Dachkonzepts angepasst. Die seitlichen Dachholme und der Windlaufrahmen aus hochfestem Stahlblech sind komplett neu gestaltet und mit der Karosseriebasis fest verschweißt. Durch die A-Säule und die Dachholme verlaufen Verstärkungsrohre. Insgesamt wird durch diese Maßnahmen eine sehr hohe Karosseriesteifigkeit erreicht, die auf dem hohen Niveau des 911 Coupés liegt.

Umlaufend um die Glasflächen sind Abdeckblenden angeordnet, die mit ihrer schwarzen, hochglänzenden Oberfläche die Glasoptik weiterführen und den flächenbündigen Übergang zur Karosserie bilden. Die Blenden überlappen die Glasflächen mit Gummilippen und stellen eine ausreichende Überdeckung sicher.

Das Rückgrat des Glasdachmoduls ist ein selbsttragender Modulrahmen aus Stahlblech mit angenieteten Aluminium-Führungsprofilen, der den Schiebedeckel mit Führung und Antrieb, Windabweiser, Sonnenschutzrollo und die klappbare Heckscheibe inklusive elektrischer Zuziehhilfe aufnimmt, **Bild 2**. Die Einheit erstreckt sich vom Windschutzrahmen bis zum Heck. In den Modulrahmen ist ein Wassermanagement zur Aufnahme von abtropfendem Wasser bei geöffnetem Schiebedeckel und aufgeklappter Heckscheibe integriert. Im Modulrahmen ist, zwischen Schiebedeckel und Heckscheibe, eine Quertraverse integriert, die auch zur Aufnahme von Mittelfugen- und Heckklappendichtung sowie zur Anlage der Schiebedeckelabdichtung dient, **Bild 3**.

Der Schiebedeckel ist aus 7 mm starkem, teilvorgespanntem Verbundsicherheitsglas gefertigt. An die Unterseiten des Deckels wird ein Rahmen aus PU-Schaum angespritzt, in den Verstärkungsbleche mit Befestigungselementen eingebettet sind. An dessen Halterungen wird ein zweiter umlaufender Dichtrahmen aus Aluminiumprofilen verschraubt, der das Dichtsystem des Schiebedeckels abstützt und unter entsprechende Anlageflächen am Tragrahmen greift. Das Dichtsystem des Schiebedeckels besteht aus einer horizontal wirkenden Hauptdichtung und einer vertikal wirkenden Zusatzdichtung. In die Profile des Dichtrahmens sind seitlich die Führungen für das Sonnenrollo integriert und an der Hinterseite der Antrieb mit der Kraftübertragung angebracht.

Die Schiebedeckelkinematik besteht aus vorderer und hinterer Hubmechanik pro Seite, die in Aluminium-Führungsprofilen bis zur Anhebefunktion geführt werden. Während der Anhebebewegung wird die Hubmechanik in einer zweigeteilten, am Modulrahmen seitlich angenieteten Kunststoffkulisse geführt. Die bauraum- und gewichtsoptimierte Hubmechanik besteht jeweils aus Aluminiumschlitten, 2K-Kunststoffgleitern, Antriebshebel aus Federstahl, Steuerbolzen mit Dämpfelement und vorderer Ausgleichskulisse. Das Dämpfelement besteht aus einer gleitfähigen, verschleißfesten Kunststoffhülse und integriertem Gummiring, die in Kombination mit einer definiert aufgebrachten Vorspannung Geräuschfreiheit in jeder Schiebedeckelposition gewährleisten. Die Schiebedeckelkinematik inklusive Führungsbereich wird durch eine zweigeteilte Textilblende, die im Aluminium-Führungsprofil geführt ist, harmonisch abgedeckt. Beim Öffnen des Schiebedeckels wird die vordere Textilblende horizontal einfach gefaltet und mit dem Schiebedeckel nach hinten bewegt. Die hintere Textilblende wird durch die Bewegung des Schiebedeckels in zwei Kunststoffrohrführungen verschoben, die unter dem Heckmittelteil angeordnet sind. Der Schiebedeckelantrieb, bestehend aus zwei in Reihe angeordneten Elektromotoren mit integrierter Notbetätigung, die über Zug-/Druckkabel den Schiebedeckel antreiben, befindet sich raumsparend unter dem Heckmittelteil.

Das Rollo ist aus einem teildurchlässigen, schwarzen Stoff gefertigt, der starke Sonnenstrahlung abhält, aber auch gegen abstrahlende Kälte wirkungsvoll eingesetzt werden kann. Um die Rollofunktion in jeder Schiebedeckelstellung zu ermöglichen, wurde ein flexibles Kabel für den Rolloantrieb entwickelt. Die elektrische Zuleitung wird in der linken hinteren Stoffverblendung in einer angenähten Stofftasche und in dem zugehörigen Führungsrohr geführt, wobei eine Konstantkraftfeder am Ende des Führungsrohres das Kabel gespannt hält.

Die klappbare Heckscheibe besteht aus 4 mm Einscheiben-Sicherheitsglas (beheizbar) und wird mit einem Dichtrahmen aus Aluminium-Strangprofilen verklebt. Die Klappfunktion erfolgt über bauraumoptimierte, flache Viergelenkscharniere, die am Dichtrahmen und am Modulrahmen verschraubt sind. Die Schließfunktion über-

3 Aufbau und Montage

Bild 2: Einbaufertiges Dachmodul
Figure 2: Ready-to-install roof module

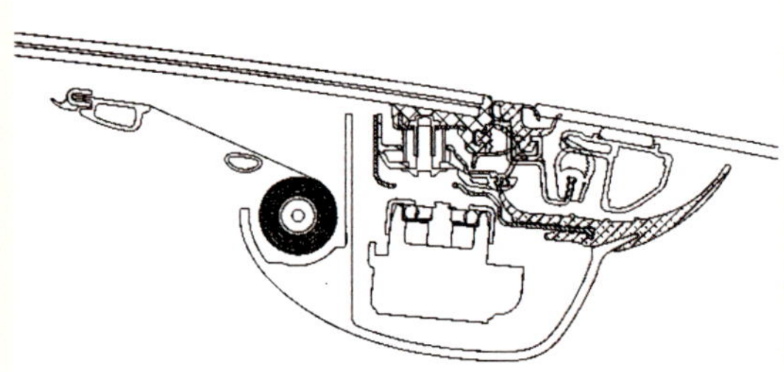

Bild 3: Mittlere Fuge zwischen Schiebedeckel und Heckklappe
Figure 3: Center groove between sliding glass roof and rear lid

Ein Bericht von 2002 erklärt das innovative Dachkonzept des 996 Targa im Detail, die Autoren sind die Porsche-Entwicklungsingenieure Kurt Pfertner, Reiner Armbruster und Detlev Ranft,

3 Aufbau und Montage

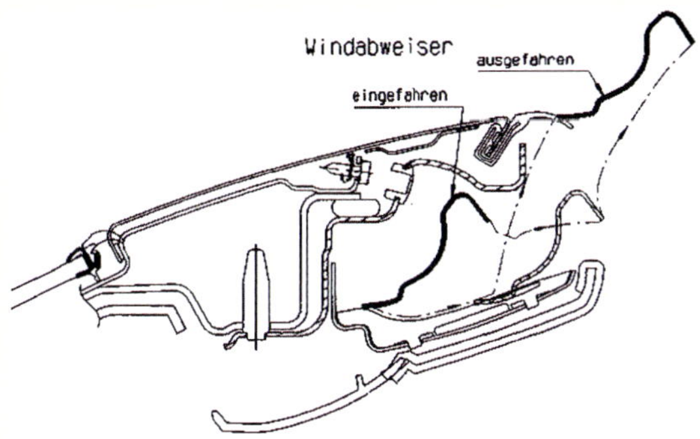

Bild 4: Windabweiser im Windlaufrahmen
Figure 4: Wind deflector in roof frame

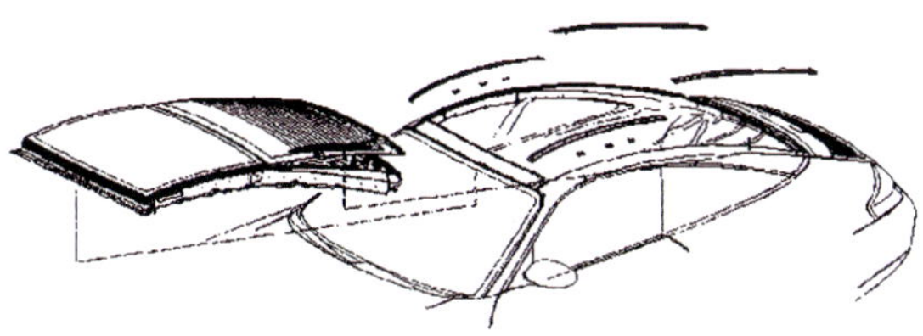

Bild 5: Einbau Dachmodul
Figure 5: Roof module packaging scheme

4 Funktionsweise

Bild 6: Klappbare Heckscheibe
Figure 6: Tiltable rear window

nimmt eine elektrische Zuziehhilfe mit integrierter Mittenfixierung und Auswerfermechanik. Letztere hebt nach elektrischer Entriegelung die bündig mit der Karosserie verlaufende Heckscheibe zum Untergreifen um 20 mm an. Der aerodynamisch auf hohen Komfort ausgelegte Windabweiser wird vom schließenden Schiebedeckel heruntergeschwenkt und anschließend nach vorn in die definierte Endlage geschoben, **Bild 4**.

Das gesamte Dachmodul wird in montiertem Zustand mit leicht aufgestellter Heckscheibe durch den Windschutzscheibenausschnitt horizontal eingefahren, **Bild 5**, an Windschutzrahmen sowie Heckmittelteil mittig fixiert und von unten an Dachholmen, Windschutzrahmen und Heckmittelteil mit der Karosserie verschraubt. Anschließend werden die Übergänge zur Karosserie außen durch Aluminium-Abdeckleisten mit Gummilippen, die die Glaselemente überlappen, abgedeckt. Die Übergänge innen werden mit kaschierten Kunststoff- beziehungsweise Aluminium-Verkleidungen zur Energieabsorption beim Kopfaufprall abgedeckt.

Das gesamte Glasdachmodul wird beim Lieferanten CTS, der von Beginn an in die Entwicklung des Dachmoduls eingebunden war, mit allen Komponenten vormontiert. So entsteht eine Einheit, die bereits alle wichtigen Merkmale und Funktionen des Targa-Dachs enthält. Diese Einheit wird bereits beim Lieferanten auf Funktion, Geräuschverhalten und Einhaltung der Qualitätsanforderungen geprüft, bevor das Dachmodul „just in time" an das Montageband in Zuffenhausen geliefert und eingebaut wird.

4 Funktionsweise

Zum Öffnen des Glasdachs genügt es, einen Wippschalter in der Mittelkonsole zu drücken. Das Dach wird zunächst elektrisch abgesenkt und kann anschließend in jede Position stufenlos nach hinten unter die klappbare Heckscheibe gefahren werden. Insgesamt lässt es sich innerhalb von sieben Sekunden bis zu einem halben Meter öffnen, so dass die maximale Dachöffnungsfläche 0,45 m² beträgt. Dies entspricht der doppelten Öffnungsfläche des Schiebedachs beim 911 Coupé. Ein speziell entwickelter Windabweiser ist direkt vor dem Glasdach installiert und fährt beim Öffnen und Schließen automatisch aus und ein. Damit sind Luftverwirbelungen durch den Fahrtwind kaum zu spüren, was ein Offenfahren selbst bei kalter Witterung möglich macht. Auf Knopfdruck rechts neben dem Wippschalter für das Glasdach lässt sich auch das Sonnenrollo, das an der Hin-

… die am Ende des Artikels die Teamleistung betonen und sich „bei allen am Projekt beteiligten Kollegen für die gute Zusammenarbeit" bedanken.

Offen? Geschlossen?
Offen gesagt, beides.

Der neue 911 Targa.

Das eine Extrem heißt Cabriolet – es ist offen. Das andere Extrem heißt Coupé – es ist geschlossen. In der Mitte liegt der 911 Targa. Er ist geschlossen und offen zugleich. Er definiert Freiheit so individuell, wie sie nur ein 911 definieren kann.

Sein innovatives Glasdach läßt sich nach hinten absenken und, je nachdem wieviel Freiheit Sie gerade brauchen, ganz oder teilweise nach hinten fahren. Per Knopfdruck. Bei jeder Geschwindigkeit.

Durch das Glasdach haben Sie selbst bei geschlossenem Zustand das Gefühl, im Freien zu sitzen. Bei geöffnetem Dach schützt Sie ein separater, automatisch ausfahrender Windabweiser vor Luftturbulenzen. Für zugfreies Fahren und weniger Nebengeräusche.

Das Glasdach ist getönt und mit einem elektrischen Kälte- und Sonnenschutzrollo versehen. Da es komplett in der Karosserie geführt wird, bleibt einerseits die typische Linie des 911 erhalten – andererseits wird die typische Silhouette des neuen 911 Targa unterstrichen.

Absolutes Novum für einen Porsche 911 ist die klappbare Glas-Heckscheibe. Sie läßt sich elektrisch entriegeln und ermöglicht einen hervorragenden Zugang zur Fondablage.

- 28 -

- 29 -

Ein Dach über dem Kopf.
Mal mehr, mal weniger.

Die Betätigung des Glasdachs erfolgt über einen Kippschalter auf der Mittelkonsole. Oder über die Komfortbetätigung der Fernbedienung im Fahrzeugschlüssel bei stehendem Fahrzeug.

Das Glasdach wird zunächst abgesenkt und kann dann problemlos und stufenlos in jede Position verschoben werden.

Wie das Glasdach wird auch die klappbare Glas-Heckscheibe vom Innenraum aus betätigt oder per Fernbedienung im Fahrzeugschlüssel.

Aus Sicherheitsgründen kann die Glas-Heckscheibe nur bei geschlossenem Glasdach geöffnet werden. Genauso wie das Öffnen des Glasdachs nur bei geschlossener Heckscheibe möglich ist. Mit Hochklappen der Heckscheibe schalten sich automatisch zwei Innenraumleuchten ein. Das Schließen der Heckscheibe erfolgt durch eine elektrische Zuziehhilfe.

Insgesamt erzeugt das Dach eine optische Durchgängigkeit des Themas Glas. Von der Front- bis zur Heckscheibe. Das unterstreichen außerdem die Windlaufblende zwischen Frontscheibe und Glasdach sowie die seitlichen Dachblenden, die unabhängig von der Außenfarbe Ihres neuen 911 Targa schwarz hochglänzend lackiert sind.

Der neue 911 Targa.
Eine Ausnahmeerscheinung.
Und ganz 911.

- 30 -

- 31 -

DIE GLASDACH-MODELLE
DIE LERNPHASE | SQUEAK AND RATTLE

Mit dem 996 Targa betont Porsche das individuelle Freiheitsgefühl und positioniert das Fahrzeug als Alternative zwischen Coupé und Cabriolet. Es ist offen und aber doch auch geschlossen – für alle, die Kompromisse suchen oder keine eingehen wollen. Das sorgt für die eine oder andere akustische Irritation. „Wir haben aus den Fehlern gelernt. Erst im Laufe der Targa-Projekte haben sich die Prozesse in der Akustik, speziell im Hinblick auf die dauerhafte Vermeidung von Klappergeräuschen, systematisch mitentwickelt. Auch das große Glasdach des Cayenne der ersten Generation hat uns Probleme gemacht“, beschreibt Jürgen Ochs die Vorgänge der Entwicklungsarbeit mit den neuen großen Glasdächern. „Mit dem Targa- und dem Cayenne-Glasdach haben wir den sogenannten ‚Squeak-and-Rattle-Dauerlauf‘ für tiefere und hohe Temperaturen aufgebaut. Obwohl die neueren Fahrzeuge noch komplexer sind, haben wir die Akustikthemen heute besser im Griff. Damals waren wir einfach in einer Lernphase.“ Kurt Pfertner, der im Versuch mobile Dächer ab dem 993 dabei ist, bestätigt: „Wir haben alle Module bereits bei unserem Lieferanten über den ‚Shaker‘ gelassen. Es wurde eine Vorspannung aufgebaut, die wir in umfangreichen Testphasen gemeinsam mit dem Lieferanten ermittelt und bestätigt haben.“ Auch der ehemalige Projektmanager Bernd Kahnau erinnert sich: „Wir haben das Dach in der Produktion vorgespannt, damit es nicht mehr geklappert hat. Das war messtechnisch nicht in den Griff zu bekommen.“

DIE GLASDACH-MODELLE
DAS REISEGEFÄHRT

„Besser kann man seine Nachfolge nicht regeln“: Der erste 996-Produktkatalog aus dem Jahr 2001 nimmt seine Kunden mit auf Entdeckungstour, zum sizilianischen Ursprung. Erst dann wird die eigentliche Revolution im Detail erklärt – die neue Flüssigkeitskühlung des 6-Zylinder-Boxermotors. Der 996 Targa wird in zahlreichen Fahrberichten portraitiert und auch das Porsche-Kundenmagazin berichtet von einer Ausfahrt, auf der die Etappen der Targa Florio mit der ersten wassergekühlten Targa-Variante angefahren werden. Das neue, große Glasdach macht ein anderes Erleben möglich.

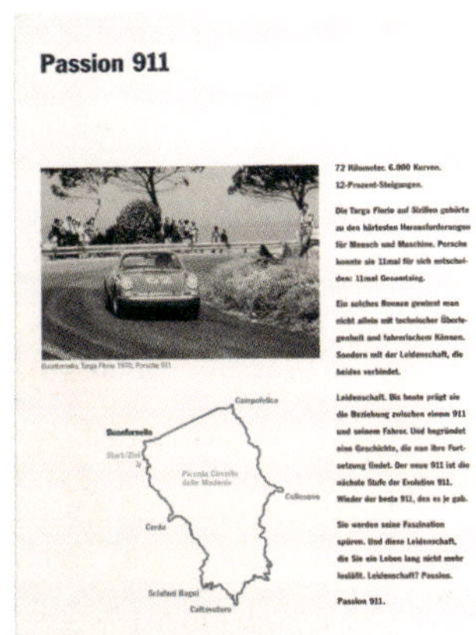

Passion 911

72 Kilometer. 6.000 Kurven. 12-Prozent-Steigungen.

Die Targa Florio auf Sizilien gehörte zu den härtesten Herausforderungen für Mensch und Maschine. Porsche konnte sie 11mal für sich entscheiden: 11mal Gesamtsieg.

Ein solches Rennen gewinnt man nicht allein mit technischer Überlegenheit und fahrerischem Können. Sondern mit der Leidenschaft, die beides verbindet.

Leidenschaft. Bis heute prägt sie die Beziehung zwischen einem 911 und seinem Fahrer. Und begründet eine Geschichte, die nun ihre Fortsetzung findet. Der neue 911 ist die nächste Stufe der Evolution 911. Wieder der beste 911, den es je gab.

Sie werden seine Faszination spüren. Und diese Leidenschaft, die Sie ein Leben lang nicht mehr losläßt. Leidenschaft? Passion.

Passion 911.

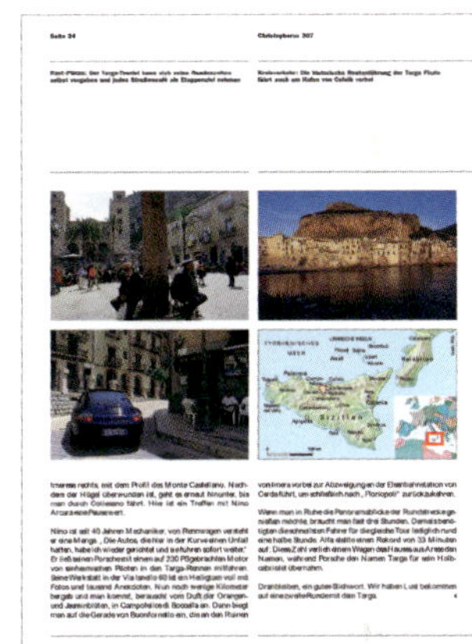

DER 911 TARGA
TYP 997

Bauzeit 997: 12/2005 bis 05/2012
Modelljahre: 2006 bis 2012, intern: 6- bis C-Programm
911 Targa: 8.459 Einheiten
911 Coupé: 130.724 Einheiten
911 Cabrio: 73.821 Einheiten
Gesamt: 213.004 Einheiten

Die sechste 911-Generation wird im September 2006 mit dem Typ 997 eingeläutet. Die Targa-Dach-Konstruktion wird um eine zusätzliche Heckklappe erweitert. Als Blickfang dienen zwei hochglanzpolierte Chromzierleisten an den seitlichen Dachkanten, die dem Targa mehr Identität gegenüber dem Coupé verleihen. Im Angebot befinden sich nur noch die allradangetriebenen Varianten als 911 Targa 4 und 911 Targa 4S.

Die Highlights:

- → Mehr Identität: spitz auslaufende hintere Seitenfenster mit breiter werdenden Chromzierleisten an den seitlichen Dachkanten geben dem 997 Targa mehr Eigenständigkeit gegenüber dem Coupé
- → Allrad-Varianz: Ab sofort werden nur noch allradangetriebene Varianten als 911 Targa 4 und 911 Targa 4S angeboten
- → 1,54 m^2 großes Targa-Dach mit zusätzlicher Heckklappe, Spezialglas macht das Dachmodul um 1,9 Kilogramm leichter
- → Wassergekühlter 6-Zylinder-Boxermotor mit 3,6 Litern Hubraum, 4S: 3,8 Liter
- → Leistung: 239 kW (325 PS), 4S: 261 kW (355 PS)
- → Beschleunigung 0–100 km/h: 5,3 Sek., 4S: 4,9 Sek.
- → Höchstgeschwindigkeit Targa 4: 280 km/h, 4S: 288 km/h
- → Listenpreis 12/2005, Targa 4: EUR 91.843, 4S: EUR 102.167

Wegbereiter mit besonderer Note. „Es war nicht klar, ob der 997 Targa überhaupt kommt“, erzählt der damalige Leiter der Baureihe 911/718, August Achleitner. Denn auch die ersten Vorüberlegungen zu einem möglichen neuen 911 vom Typ 997 sind begleitet von der Suche nach mehr Eigenständigkeit. Es geht um Orientierung und Individualisierung, für den oder die Porsche-Fahrer soll das Zeitlose mit dem Neuen verbunden werden. Porsche entscheidet sich mit dem 997 für eine Technik-Offensive: Die 911-Sportwagenpalette wird weiter ausgebaut, das Design wird erneuert und der 911 erhält eine große Vielfalt. Stilistisch findet eine Rückkehr zu klassischen 911-Stilelementen wie den runden Hauptscheinwerfern und den Zusatzleuchten am Bugteil statt. Mit der optischen Dynamik soll auch eine Differenzierung zum Porsche Boxster erreicht werden. Alle Motoren erhalten Leistungssteigerungen und im Angebot findet sich statt eines manuellen Getriebes erstmals ein schnell schaltendes, ohne Zugkraftunterbrechung arbeitendes Doppelkupplungsgetriebe (PDK). Weitere technische Innovationen sind das aktive Fahrwerksystem Porsche Active Suspension Management (PASM) und eine Zahnstangenlenkung mit variabler Lenkübersetzung, die ein noch präziseres Lenken auf kurvenreichen Strecken ermöglicht.

Der 2006 vorgestellte 911 Turbo verfügt als erstes Serienfahrzeug mit Benzinmotor über einen Turbolader mit variabler Turbinengeometrie (VTG). Ein Endschalldämpfer mit Klappenregelung und Sport-Modus sorgt für einen emotionaleren Sound. Durch die Kombinationsmöglichkeit aus Heckantrieb und Allrad ergeben sich nun insgesamt 24 Modellvarianten für die sechste 911-Generation: Carrera, Cabriolet, Heck- und Allradantrieb, Turbo, GTS, Sondermodelle und Straßenversionen von GT-Rennfahrzeugen mit GT2, GT2 RS, GT3, GT3 RS und Targa. Weitere Sondermodelle komplettieren das Programmangebot: 911 Sport Classic, 911 Speedster, 911 Black Edition oder 911 Turbo S Edition und der 918 Spyder. 2008 erfolgt die nächste Überarbeitung, wodurch nun alle 911-Modelle serienmäßig mit Bi-Xenon-Scheinwerfern und LED-Technik für Tagfahrlicht, Positionslicht und die markant gezeichneten Heckleuchten ausgerüstet werden. Das dynamische Kurvenlicht wird als Option angeboten. Auf den Targa übertragen bringt die Weiterentwicklung der 997-Modellpalette Veränderungen in optischer, technologischer und charakterlicher Sicht mit sich. Die Karosserien von Coupé und Cabriolet werden simultan entwickelt, wohingegen der 997 Targa erst zum Ende des Modelljahres 2006 eingeführt wird. Vorangegangen sind Debatten über die eigentliche Ausprägung des Targa-Modells im Vergleich zum Coupé. Die Targa-Verkaufszahlen haben sich seit dem G-Modell, der Einführung des 911 Cabriolets und des Boxster auf rund 5.000 Einheiten eingependelt. Hinzu kommen die Themen, die jedes vorherige Fahrzeugmodell für den Nachfolger im Schlepptau hat. „Wir haben beim 996 zwei große Qualitätsthemen gehabt, das war das Dach und das Fahrwerk. Für den 997 Targa haben wir daher Zusatzfedern eingefügt, um das Fahrwerk softer abstimmen zu können und damit das Dach zu entlasten“, sagt Dr. Erhard Mössle, der als Leiter Carrera 4 und Turbomodelle den Allradantrieb in den Targa bringen wird. So sorgt die neue federnde Lagerung des Dachmoduls für akustische Neutralität, da die Tellerfedern an den Lagerstellen das Glasdach entkoppeln und seitliche Schwingungen aufnehmen – bei geschlossenem wie auch bei geöffnetem Dach. Auch das obere Glassegment wird über Seilzüge von zwei Elektromotoren im Fondabschluss bewegt und kann keine Schwingungen übertragen. Die Fahrwerkskomponenten werden überwiegend vom 911 Carrera 4 und 911 Carrera 4S übertragen, jedoch sind die Federn und Stabilisatoren an Vorder- und Hinterachse speziell auf den Targa ausgelegt. Hohe Fahrdynamik und sichere Fahreigenschaften werden beim 997 Targa mit mehr Komfort und höherer Wankstabilität vereint.

Für die elegante Silhouette des 997 Targa sorgt eine seitliche Zierleiste aus hochglanzpoliertem eloxierten Aluminium, die sich entlang der Dachkante von der A-Säule bis zum Fuß der C-Säule spannt und somit die Seitenlinie charmant betont. Spitz auslaufende Seitenfenster, die an der A-Säule beginnen und hinter den Fond-Seitenscheiben auslaufen, unterstreichen das typische Designmerkmal des Targa. Die Idee zur neuen Chromleiste entstammt einem Fachgespräch zwischen Baureihen-Chef August Achleitner und Designer Matthias Kulla. „Der Targa spielt eine wichtige Rolle in der 911-Geschichte und ist das erste Karosseriederivat des 911 überhaupt. Gustl und ich haben nach einem Differenzierungsmerkmal gesucht, um dem neuen 997 Targa mehr Eleganz zu verleihen. Dann habe ich die Idee skizziert und Gustl hat die Flyline auf Anhieb gefallen“, beschreibt Kulla, Leiter Projektkoordination Design Sportwagen, die Entstehung

Eigene Akzente: Der 997 Targa zeigt sich auf den hauseigenen Pressefotos in Bestform und weiß mit seiner eleganten Linienführung zu überzeugen. Die sechste 911-Sportwagengeneration ist umfassend überarbeitet. Was die Modellvarianten miteinander verbindet? Eine Seele.

targa 4S

der hochglanzpolierten Dachkantenblende. Achleitner beschreibt die Ausgangslage: „Beim Übergang zum 997 haben wir nochmals nachgelegt und das Auto deutlich verbessert, obwohl er auf dem gleichen, verbesserten Rohbau des 996 aufbaut. Wir wechselten auf die breite Karosserie und mussten die Seitenblechteile des Targa-Dachs neu anpassen. Da hat uns der zweite Strich am Dach geholfen, dem 997 Targa auch wieder mehr Targa-Identität zu verleihen."

Der 997 Targa wird als einziges Fahrzeug der Carrera-Baureihe nur noch mit einer im Heckbereich um 44 Millimeter verbreiterten Karosserie angeboten und erhält zudem einen permanentem Allradantrieb. Die Einschätzung beruht auf der Kundenanalyse des Vorgängermodells, die das Porsche Entwicklungs- und Vertriebsteam durchführt. Dabei fällt auf, dass die 996-Kunden gern offen fahren und dennoch sicherheitsbewusst sind. „Daher haben wir ab dem 997 den Targa nur noch als Allradversion angeboten. Das Auto war dann wieder erfolgreicher, weil wir den Aspekt Sicherheit und die Ausprägung dieser Merkmale besser getroffen haben", erklärt Achleitner die Ergebnisse. Die interne Untersuchung führt zum Erfolg: Insgesamt werden 8.459 Einheiten verkauft, das sind rund sieben Prozent am 997-Gesamtvolumen und damit mehr als beim 996 Targa. Die Allrad-Varianten 911 Targa 4 und 911 Targa 4S übernehmen vom Vorgänger das Glasdach und die klappbare Heckscheibe als markante Merkmale. Das 1,54 Quadratmeter große Glasdach als optisches Highlight besteht aus zwei Lagen getöntem Spezialglas, das 1,9 Kilogramm leichter ist und vom Windschutzscheibenrahmen bis zur Motorhaube reicht. Es sorgt für einen lichtdurchfluteten Innenraum und lässt sich mit Hilfe zweier Elektromotoren bei jeder Geschwindigkeit in nur sieben Sekunden bis zu einem halben Meter öffnen. Die maximale Dachöffnungsfläche beträgt dann bis zu 0,45 Quadratmeter. Auch das Dichtungssystem ist neu entwickelt, sodass Windgeräusche selbst bei hohen Geschwindigkeiten auf niedrigem Niveau bleiben. Ein Windabweiser minimiert die Luftverwirbelungen im Innenraum, wodurch ein Offenfahren auch bei kälteren Temperaturen möglich ist. Gegen zu starke Sonneneinstrahlung schützt ein elektrisch bedienbares Sonnenschutzrollo aus teildurchlässigem schwarzen Stoff. Das Glasdach und das Rollo können über eine Wipp-Taste auf der Mittelkonsole betätigt werden, die sich neben dem Handbremshebel befindet. Die per Gasdruckfedern nach oben schwenkende Glasheckscheibe ermöglicht einfaches Beladen des Gepäckraums, der bei umgeklappten Rücksitzen über 230 Liter Volumen verfügt. Die Heckklappe kann über einen Schalter auf dem fahrerseitigen Einstiegsschweller oder über die Funkfernbedienung des Fahrzeugschlüssels entriegelt werden. Das Schließen wird durch eine elektrische Zuziehhilfe unterstützt.

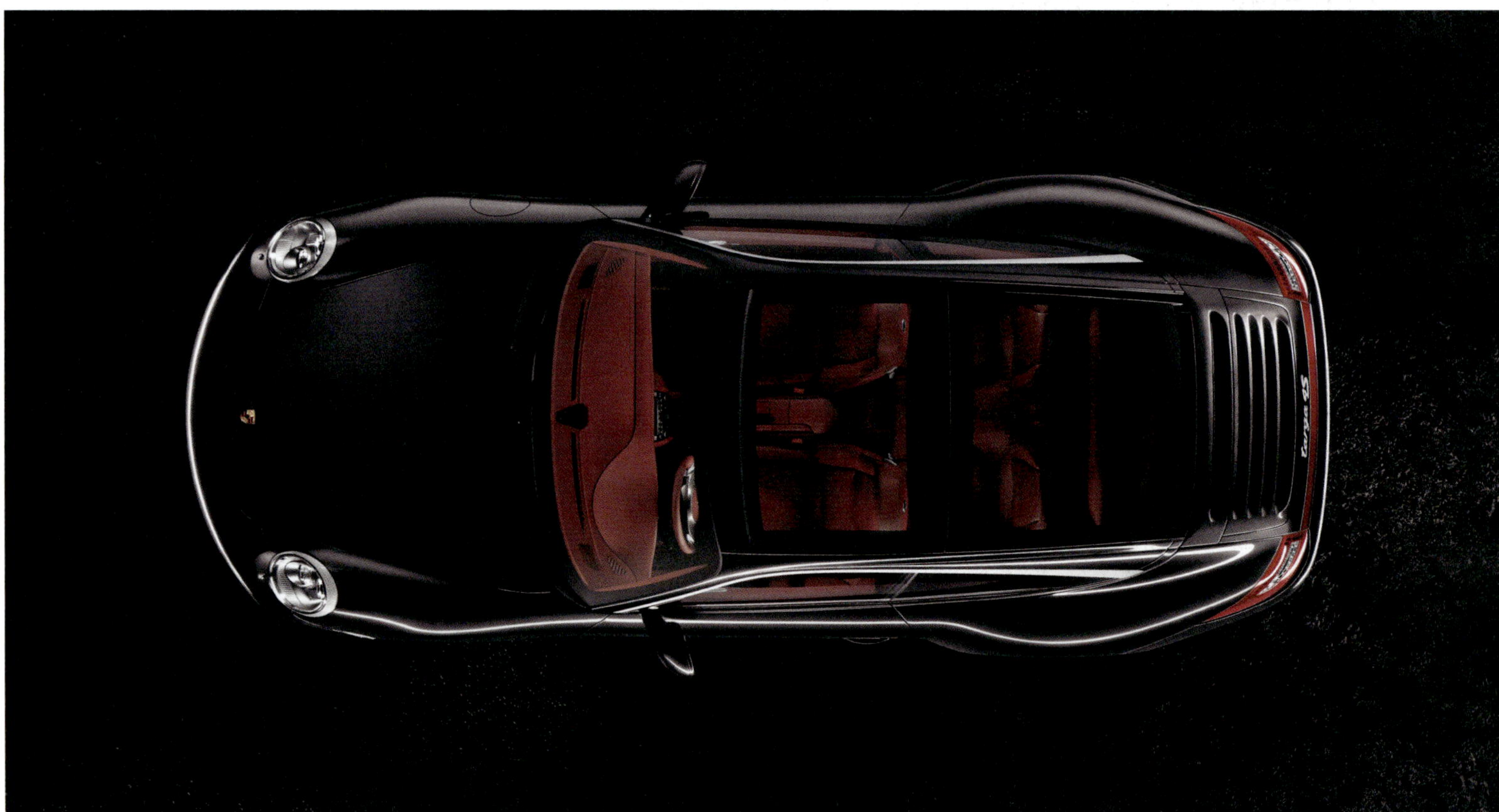

DIE GLASDACH-MODELLE
DYNAMIK UND SOUVERÄNITÄT

Beim 997 Targa steht die eigene Identität im Vordergrund. Der Porsche 911 Targa ist avantgardistisch und weltweit einzigartig in seinem Wettbewerbsumfeld. Das Glasdach bleibt auch in der sechsten Generation das charakteristische Merkmal. Die elegante Silhouette wird durch hochglanzpolierte eloxierte Aluminiumleisten, die sich entlang der Dachkante von der A-Säule bis zum Fuß der C-Säule spannen, betont. Das Dachmodul besteht aus dem beweglichen vorderen Glasschiebedeckel mit integriertem Rollo und einer klappbaren beheizbaren Heckscheibe – die es nur beim 911 Targa gibt.

S VM 918

5 | DIE HERKUNFT

Über die Rundstrecke Targa Florio und weitere Verbindungen zum Motorsport

PORSCHE
UND DIE TARGA FLORIO

Rund 8.000 Kurven, knapp 800 Kilometer und eine Insel-Rundfahrt der besonderen Art: Die Targa Florio zählt zu den ältesten Straßen-Langstreckenrennen der Welt und wurde von 1906 bis 1977 auf öffentlichen Bergstraßen im Norden Siziliens ausgetragen. Initiator des Sportwagen-Wettbewerbs war Unternehmer Vincenzo Florio, die Bergstraßen auf dem Circuito delle Madonie gehörten seiner Familie. Am 6. Mai 1906 startete die erste Targa Florio mit zehn Automobilen, die im Abstand von zehn Minuten auf den ursprünglich 148 Kilometer langen Rundkurs geschickt wurden. Der erste Sieger benötigte 9 Stunden und 32 Minuten für den winkligen Kurs.

Die Strecke wurde mehrfach verkürzt und dann als Piccolo circuito delle Madonie gefahren. Gegen den Uhrzeigersinn führte die Rundstrecke durch die Gebirgskette Madonie und wurde zunächst auf 108 Kilometer und dann noch einmal auf 72 Kilometer reduziert. Nach dem Start im 20-Sekunden-Takt mussten die Fahrer den Rundkurs zehnmal bewältigen.

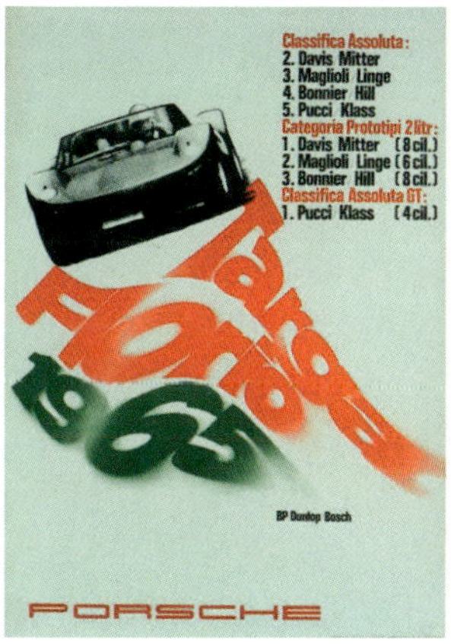

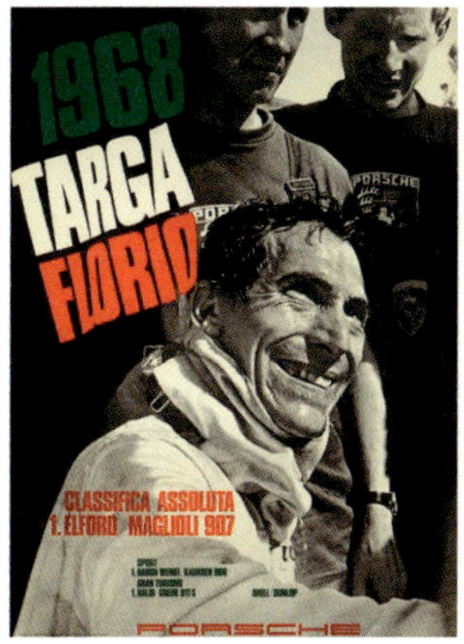

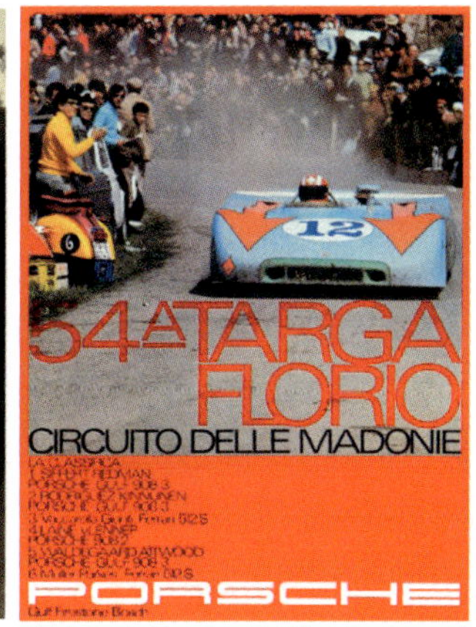

In den 1920er-Jahren gehörte das sizilianische Langstreckenrennen zu den wichtigsten Motorsport-Rennen überhaupt, Klassiker wie die 24 Stunden von Le Mans oder die Mille Miglia sind noch nicht etabliert. Bugatti gewinnt das anspruchsvolle Rennen insgesamt fünfmal, doch dann schlägt die Stunde der jungen Sportwagenfirma aus Zuffenhausen. 1956 holt der Italiener Umberto Maglioli im 550 A Spyder den ersten Sieg für Porsche, die beiden deutschen Fahrer Edgar Barth und Wolfgang Seidel gewinnen das Rennen am 24. Mai 1959 in einem Porsche 718 RSK. Aus Sicherheitsgründen wird die Targa Florio in der klassischen Variante 1977 eingestellt, doch bis heute werden dort verschiedene Rallye-Veranstaltungen ausgetragen. Mit insgesamt elf Gesamtsiegen ist Porsche die erfolgreichste Marke, die je an dem legendären Straßenrennen Targa Florio teilgenommen hat.

Anekdote am Rande: Die Rennen auf dem damals circa 22 Kilometer langen Stuttgarter Solitude-Kurs werden auch als „Schwäbische Targa Florio" bezeichnet.

46

INSEL-RUNDFAHRT
DER BESONDEREN ART

Der Start erfolgt 1906: Es geht vorbei an schroffen Felsen des Madonie-Gebirges, entlang steiler Anstiege und abrupter Abfahrten im Norden Siziliens. Porsche siegt elfmal – so oft wie kein anderer Hersteller. Schon bevor es die Marke Porsche überhaupt gibt, feiert der von Ferdinand Porsche konstruierte Austro-Daimler ADS-R „Sascha“ bei der Targa Florio 1922 einen spektakulären Klassensieg (linke Seite). Zwei Jahre später, im Jahr 1924, siegt ein Mercedes Kompressor-Rennwagen. Konstrukteur auch hier: Ferdinand Porsche. Weitere berühmte Teilnehmer sind Umberto Maglioli auf Porsche 550 A Spyder im Jahr 1956 (oben rechts) und Graham Hill auf Porsche 718 RS 60 bei der Targa 1960 (oben links).

86
ESSO
CIBIE

74

INSEL-RUNDFAHRT
MIT EIGENEM FLAIR

Die Targa Florio versammelte viele begeisterte Zuschauer an ihrem Rundkurs, gefahren wird gegen den Uhrzeigersinn. Aus Sicherheitsgründen ist 1977 Schluss mit der Rallye.

INSEL-RUNDFAHRT
AUF SPURENSUCHE

Der Stuttgarter Günter Steckkönig ist 1953 einer der ersten, der seine Lehre bei Porsche beginnt. Nach der Technikerschule wird er Testfahrer und gehört zu dem Porsche-Entwicklungsteam, das 1964 den ersten 911 Targa auf dem VW-Prüfgelände in Wolfsburg erprobt. Von 1971 bis 1973 nimmt Steckkönig an der Targa Florio teil und ist 1971 der erste Fahrer, der die legendäre Langstrecken-Rallye durch Siziliens Bergstraßen auf Slicks absolviert. Auf die Unterstützung der Einheimischen hat Steckkönig dabei immer setzen können: „1971 wurde uns der Überrollbügel im 914 nicht abgenommen. Ein Schmied in Cefalù hat uns dann zwei zusätzliche Stützrohre sauber durch die Heckscheibe des Wagens eingebaut. Der zweiten – dann erfolgreichen – technischen Abnahme wohnte der Schmied selbst auch bei“, erinnert sich der heute 89-Jährige. Die Zusatz-Rohre sind in diesem 914 heute noch zu bewundern. Bei der Targa Florio war es nicht unüblich, die Rallyefahrzeuge auf eigener Achse nach Sizilien zu fahren. Also brachte Steckkönig den 911 Carrera RS, mit dem er 1973 Sechster im Gesamtklassement wurde, nach dem Rennen wieder nach Stuttgart-Zuffenhausen zurück, sicher bis vor das Werkstor.

VW-PORSCHE 914
SONNEN-COUPÉ DURCH KOOPERATION

Porsche und Volkswagen beschließen in Mitte der 1960er-Jahre, einen gemeinsamen Sportwagen zu bauen. Während Volkswagen nach einer fahraktiven Angebotsergänzung und einem sportlichen Nachfolger für den Karmann Ghia (Typ 34) sucht, will Porsche ein Einstiegsmodell etablieren, da sich der Porsche 912 nicht durchsetzen kann. Per Handschlag vereinbaren Ferry Porsche und VW-Chef Heinrich Nordhoff Deutschlands ersten Großserien-Sportwagen: ein kompakter Zweisitzer mit Targa-Dach, Mittelmotorbauweise, Hinterradantrieb und fast bauhausartiger Schlichtheit. Doch Nordhoff-Nachfolger Kurt Lotz reklamiert Anfang 1969 den 914 allein für Volkswagen, es kommt zum Kompromiss: Mit einem Betriebskapital von fünf Millionen D-Mark wird in Ludwigsburg ein eigener europäischer Vertrieb als VW-Porsche-Vertriebsgesellschaft mbh gegründet, der das gemeinsame Händlernetz nutzt. Es entstehen zwei Modelllinien: die VW-Variante 914/4 mit 1,7-Liter-4-Zylinder-Boxermotor, Einspritzung und 80 PS aus dem Volkswagen 411E wird bei Karmann in Osnabrück hergestellt, der Porsche 914/6 mit 2,0-Liter-6-Zylinder-Boxermotor mit 110 PS aus dem Porsche 911 T entsteht in Zuffenhausen. Charakteristisch sind die Klappscheinwerfer, die stehende Blinkleuchten-Einheit, eine niedrige Gürtellinie und die horizontalen Leuchten am Heck. Von Herbst 1969 bis Anfang 1976 werden ca. 120.000 Einheiten produziert. Bei einem Grundpreis von weniger als DM 12.000 entwickelt sich der VW-Porsche 914 zum Verkaufsschlager. Gestaltet wurde das erste 914-Modell von Heinrich Klie.

PORSCHE 924

AUTOMOBILES NEULAND

Wassergekühlter 2,0-Liter-Motor vorn, Getriebe hinten: Ende 1975 startet Porsche mit der Produktion des modernen 4-Zylinder-Transaxle – das englische Kofferwort setzt sich aus den Begriffen „Transmission" (Getriebe) und „Axle" (Achse) zusammen. Übertragen wird die Kraft zwischen Motor und Hinterachse über eine Antriebswelle, die sich in einem starren Rohr befindet. Im Auftrag von Volkswagen zeichnet Jung-Designer Harm Lagaaij den eigentlich als Nachfolger für den VW-Porsche 914 angedachten 924 mit einer völlig neuen Linienführung. Nach einem Hinweis des damaligen VW-Vorstands wird sein Entwurf mit einer großen gläsernen Heckklappe ausgestattet. Porsche selbst hat den 924 als eigenes Einsteigermodell unterhalb des 911 platziert, es ist Ausdruck einer Abkehr vom technischen Konzept der Modelle mit luftgekühlten Heckmotoren. Anstelle des auf Wunsch erhältlichen Schiebedachs ist ein ausstell- und herausnehmbares Dachteil aus Kunststoff gewählt worden, mit dem der Wagen in eine Targa-ähnliche Version umgewandelt werden kann. Der 924 enthält viele Fahrzeugteile von VW und Audi, bis 1988 entstehen insgesamt 150.971 Einheiten. Das Land Nordrhein-Westfalen setzt mehrere Porsche 924 bei der Autobahnpolizei ein.

PORSCHE CARRERA GT | TYP 980
RENNWAGEN FÜR DIE STRASSE

Der Carrera GT ist der Porsche Supersportwagen des neuen Jahrtausends. Ursprünglich sollte der V10-Motor in einem Prototyp bei den 24 Stunden von Le Mans starten. Stattdessen sind auch Chassis und weitere Komponenten technisch weiterentwickelt sowie in das Carrera GT-Konzept übernommen worden. Nach der spektakulären Weltpremiere im Jahr 2000 in Paris geht der Carrera GT mit seinem V10-Saugmotor 2003 in Serie – der Motor stammt aus Zuffenhausen, die Endmontage der 1.270 Einheiten findet in Handarbeit im neuen Werk Leipzig statt. Der Carrera GT ist zum damaligen Zeitpunkt der meistverkaufte Hochleistungssportwagen der Welt. Neue Werkstoffe werden innovativ eingesetzt, wie bei der selbsttragenden Karosserie aus Kohlefaser-Verbundstoffen. Das Targa-Dach besteht aus zwei abnehmbaren CFK-Hartschalen, die im Kofferraum verstaut werden können, der Grundpreis: 452.690 Euro.

PORSCHE 918 SPYDER | TYP 918
TECHNISCHES MEISTERWERK

Als erstes Serienfahrzeug der Welt hat der Supersportwagen 918 Spyder die Nürburgring-Nordschleife in unter sieben Minuten bewältigt – ein Meilenstein für den Hochleistungshybrid mit seiner kompromisslosen Fahrdynamik. Weitere Maßstäbe werden durch die Systemleistung von 652 kW (887 PS) und einen kombinierten Verbrauch von 3,0 bis 3,3 l/100 km gesetzt. Das Plug-in-Hybridkonzept kombiniert eindrucksvolle Verbrennungskraft mit leiser E-Power: 4,6-Liter-V8-Motor mit zwei Elektromotoren und fünf Fahrmodi für rein elektrisches Fahren oder für eine auf der Rennstrecke abgestimmte Performance. Der aus dem Motorsport stammende elektrische Allradantrieb mit Torque Vectoring sorgt für exzellente Fahrstabilität. Um Gewicht zu sparen und gleichzeitig den Schwerpunkt zu senken, besitzt der 918 Spyder ein Targa-Dach aus zwei Carbon-Dachpaneelen, die ohne elektrische Unterstützung per Hand herausgenommen und im vorderen Kofferraum verstaut werden können. Der Supersportwagen wird von 2013 bis 2015 in 955 Exemplaren produziert, zu einem Grundpreis von 768.026 Euro.

S YV 991

6 | ZURÜCK ZU DEN WURZELN

(2014 bis heute)

DER 911 TARGA
TYP 991

Bauzeit 991: 01/2014 bis 12/2019
Modelljahre: 2014 bis 2019, intern: F- bis H-Programm
911 Targa: 20.069 Einheiten
911 Coupé: 149.569 Einheiten
911 Cabrio: 63.902 Einheiten
Gesamt: 233.540 Einheiten

Die innovative Rückkehr: Im Januar 2014 kehrt mit dem 991 Targa die klassische Targa-Idee aus karosseriefestem Überrollbügel mit Bügelblende und modernstem Dachkomfort zurück. Porsche inszeniert die siebte und komplett neu konstruierte 911-Generation als Klassiker mit Zukunft, der wie der legendäre Ur-911 Targa den charakteristischen breiten Bügel anstelle der B-Säulen, ein bewegliches Dachteil über den Vordersitzen und eine umlaufende Heckscheibe ohne C-Säule besitzt.

Die Highlights:

- Neuauflage: Überrollschutz durch Überrollbügel in Stahl-Schalenbauweise, bewegliches Dachteil, umlaufende Heckscheibe
- Innovation: patentiertes vollautomatisiertes Dachsystem, das erstmalig auf Knopfdruck in 19 Sekunden öffnet und schließt, das Verdeckelement legt sich über dem hinteren Flächenspriegel ab
- Breite Karosserie und Allradantrieb als 911 Targa 4 und 911 Targa 4S
- Wassergekühlter 6-Zylinder-Boxermotor mit 3,4 Litern Hubraum, 4S: 3,8 Liter
- Leistung: 257 kW (350 PS), 4S: 294 kW (400 PS)
- Beschleunigung 0–100 km/h: 4,8 Sek., 4S: 4,4 Sek.
- Höchstgeschwindigkeit Targa 4: 282 km/h, 4S: 296 km/h
- Listenpreis 03/2004, Targa 4: 109.338 Euro, 4S: 124.094 Euro

Newcomer mit Tradition. „Stellen Sie sich vor, Sie treffen Ihre Jugendliebe wieder. Und sie ist noch schöner geworden." Mit diesem Werbeslogan tritt Porsche 2014 mit dem 991 Targa an, um das klassische Fahrzeugkonzept in technisch neuer Form der Weltöffentlichkeit zu präsentieren. Innovatives Design in Kombination mit technischem Fortschritt – bei Fahrzeug und Werbung heißt es „Zurück zu den Wurzeln". Die Idee für die Rückkehr des Überrollbügels beim Targa-Konzept kommt aus der Technikabteilung. „Wir wollten in der Dachstrategie wieder ein Alleinstellungsmerkmal definieren. Die Initialzündung für die Neu-Interpretation kam aus der Technik", sagt Mathias Fröschle, der mit seinem Team in der Vorentwicklung des 991 Targa tätig war. In seinem Berufsleben bei Porsche hat der Ingenieur mehr als 100 Patente für den Sportwagenhersteller angemeldet. Anfang der 2000er-Jahre steht Porsche unter Druck: Jeder Hersteller hat ein „Retractable Hardtop", also ein versenkbares Klappdach, auf dem Markt, nur der Sportwagenhersteller nicht. Mit wenig Budget und klarem ästhetischem Anspruch im Gepäck, starten 2005 die ersten strategischen Überlegungen für ein neues Verdeckkonzept. Dass die internen Diskussionen den Überrollbügel zurückbringen, steht erst am Ende fest. Designer Grant Larson wird von seinem damaligen Chef Harm Lagaaij zur Teilnahme an den Workshops von Vorentwicklung und Design entsandt und erinnert sich: „Dort hat alles angefangen. Wir hatten wenig Studio-Budget, also haben wir viele Ideen zusammengetragen und damit die Dachstrategie, die Porsche schon hatte, komplett auf Targa, Coupé und Cabriolet übertragen. Das hat super zu Porsche gepasst. All die Ideen zu Speedster, Targa, dem 991-Flächenspriegelverdeck oder zum Boxster Spyder kamen aus dieser Zeit. Nicht vom Design, sondern federführend aus der Technik." Larson ist es auch, der die ersten Skizzen des 997-Targa-Nachfolgers mit Überrollbügel zeichnet. Verdeck-Ingenieur Dominik Beierl erklärt den Anspruch an die neue strategische Ausrichtung wie folgt: „Es gab schon länger den großen Trend, Glas im Dach zu haben. All unsere Wettbewerber haben das aufgenommen und sogar Mercedes hat in seinem Klappdach Glas mit eingebaut. Porsche wollte einfach nachziehen, immerhin waren wir hier der Trendsetter."

Dahinter steht das Ziel, die Glasflächen in Coupé und Cabriolet zu verlagern und so den Entwicklungsaufwand zu minimieren. Beierl weiter: „Wir wollten auch den Rohbau entfeinern, da wir mit dem 997 Targa eine eigene Rohbaulinie besetzt hatten, um das Seitenteil anbringen zu können. So kam dann die Idee, ob wir den Targa nicht wieder auf Basis der Cabriolet-Karosse machen können, wie beim 993. Mit der parallel verfügbaren Coupé-Karosse war es dann unsere Aufgabe, mit den beiden Karosserie-Varianten Coupé und Cabrio möglichst viele Varianten abzudecken." Parallel macht sich auch das Team der Baureihe 911 Gedanken um die Weiterentwicklung der Dachstrategie und überlegt, wie Porsche seine ungünstige Marktsituation verbessern kann. Baureihen-Leiter August Achleitner erläutert die damalige Situation: „Wir hatten in der 991-Entwicklung zur gleichen Zeit über das große Schiebedach diskutiert und haben gesagt, wenn wir das Glasdach aus dem 997 Targa in Zukunft nicht weiter pflegen, dann bieten wir das Glasdach als Schiebedach-Variante im Coupé an. Das gibt es heute noch."

Ab 2007 intensiviert sich die Zusammenarbeit zwischen Vor- und Serienentwicklung, 2010 wird die Serienentwicklung des Projekts freigegeben, um technisch innovative Lösungen für die vier Kernthemen zu entwickeln: Dachsystem, Verdeck, Targabügel mit Bügelblende und das Verdeckkastendach mit integrierter Panoramaheckscheibe. Die Lösung wird durch eine klare Differenzierung zwischen Coupé und Cabriolet erreicht: Karosserieseitig wandert der Targa wieder zurück zum Cabriolet, mit der klassischen Softtop-Idee, angebunden an einen verbesserten Überrollbügel wie beim 964 und dem Targa der F-Serie. Das Coupé erhält das große Glasdach mit einem außengeführten Glasschiebedach. Mathias Fröschle: „Das Ur-Targa-Konzept mit der großen Glasscheibe im Heck ist immer weiterentwickelt worden und hat sich beim 991 am Ende wieder durchgesetzt. Die Scheibe hat mit der Zeit dafür gesorgt, dass sich der Targa etablieren konnte, sie ist ein tolles Feature. Selbst mit den Umwegen über die Glasdächer vom 993 bis zum 997 hat man dem Ur-Konzept mit der Mechanik des 991 auch wieder etwas mitgegeben, was es verbessert hat." So ordnet Fröschle die Karosserie- und Dachreise des 911 Targa ein, die zum Typ 991 führt.

Markus Schulzki, technischer Projektleiter Vorentwicklung Karosseriesystem, weiß: „Mechanik ist Trumpf. Eines der herausragenden Merkmale des Fahrzeugs ist, das wir alles mechanisch gekoppelt haben. Wir haben eine sehr robuste Kinematik konstruiert. Es wirkt nur deshalb extrem komplex, weil es überlagerte Abläufe sind. Aber wir haben den Antrieb vom Cabriolet im 991 Targa übernommen und nur an bestimmten Stellen Hydraulik-Zylinder verbaut. Es gibt sonst keine Steuerung oder Sensorik", erklärt Schulzki den inneren Aufbau des neuen und einmaligen Verdecksystems. Er war maßgeblich an der innovativen Dachkonstruktion mit mehreren Patenten beteiligt, dazu zählen: die verlagerbare Dachanordnung 2009, die Dachkinematik als Gesamtkonzept mit Gestängeklappe

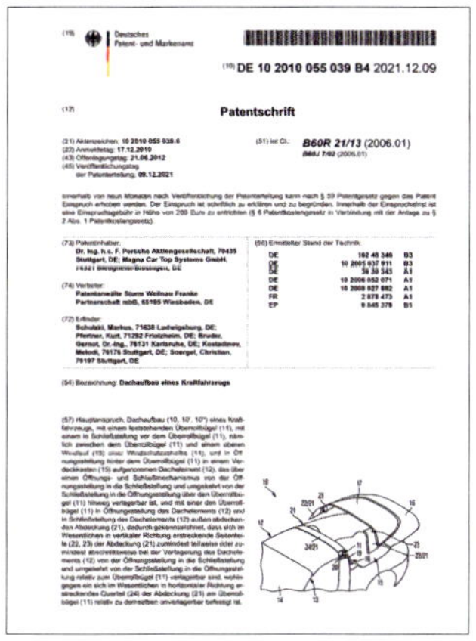

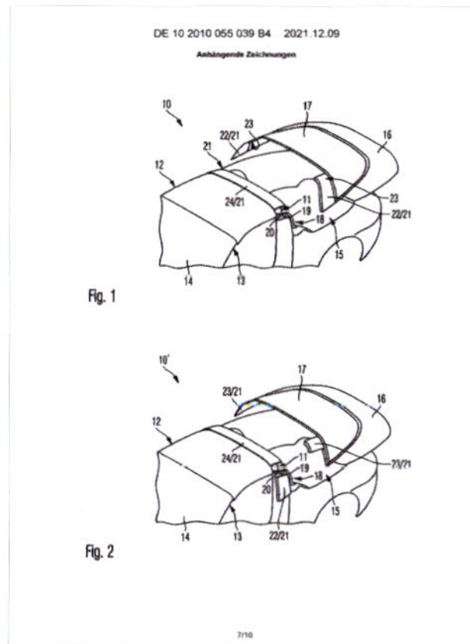

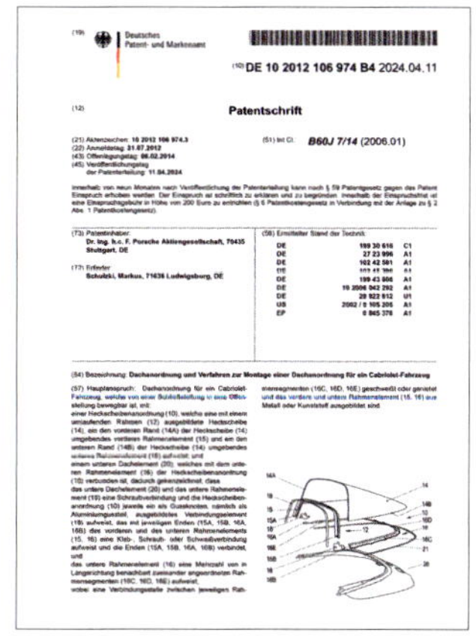

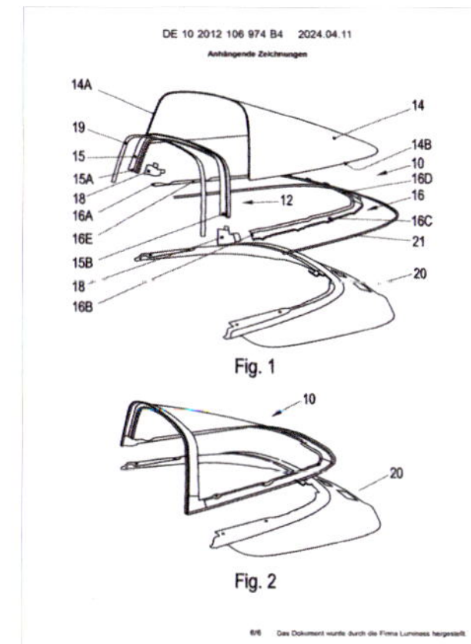

„Zurück zu den Wurzeln“ heißt bei Porsche auch, auf Innovation zu setzen: Das Dach-Gesamtkonzept mit Gestängeklappe und die Heckklappe werden 2010 und 2012 zum Patent angemeldet – 45 Jahre nach dem ersten Targa setzen die Porsche-Entwicklungsingenieure die Innovationsreise mit dem ursprünglichen Grundkonzept im 991 Targa fort.

„Cabriolet, Targa und Coupé: Jedes Segment hat seine Kunden“, sagt Dach-Entwickler Kurt Pfertner. Eine bislang unveröffentlichte Darstellung zeigt die neue Dach- und Verdeckstrategie. Mit insgesamt 233.540 Einheiten ist die 991-Generation die erfolgreichste 911-Reihe von Porsche. Das letzte 991-Modell, das Ende 2019 vom Montageband in Zuffenhausen läuft, ist ein Speedster.

2010 und die Heckklappe als Dachanordnung für ein Cabriolet-Fahrzeug 2012. „Wir haben auch eine manuelle Variante mit Hartschalen aufgebaut und bewertet. Die Lösung ist durchgefallen, weil es bei Gewicht und Komfort keine großen Gewinne gebracht hätte und auch der Kundennutzen nicht gegeben war“, erläutert Kurt Pfertner die geprüften Entwicklungsoptionen. Vorentwicklung und Entwicklung nehmen in etwa fünf Jahre in Anspruch. „Wir mussten uns an alles herantasten, auch an die größere Werkzeugtiefe. Aber Porsche hat immer ausgezeichnet, dass wir gemeinsam eine Lösung finden. Viele haben nicht daran geglaubt, dass wir den 911 Targa mit der Kinematik und der Komplexität in Serie bringen – weil sie es sich selbst nicht zutrauen. Da kam dann wieder unser Porsche-Ehrgeiz zum Tragen“, erkennt Pfertner die Teamleistung nicht nur rückblickend an.

Auf der North American International Auto Show (NAIAS) in Detroit stellt Porsche 2014 den 991 Targa als faszinierende Symbiose aus dem zeitlosen Design des Ur-Targa und der modernen Sportlichkeit des 911 der siebten Generation vor. Mit dem charakteristischen, feststehenden Überrollbügel in Silber mit seitlichen Kiemen setzt sich die Targa-Tradition mit einem innovativen Dachkonzept als moderne Neuauflage fort. Die komplett neu entwickelte Technik im Dachsegment öffnet und schließt sich erstmalig auf Knopfdruck innerhalb von 19 Sekunden – bei stehendem Fahrzeug über die Bedientasten in der Mittelkonsole und ohne Verlassen des Fahrzeugs. Das Verdecksystem besteht aus zwei beweglichen Teilen, einem Softtop und einer Glasheckscheibe. Auf Tastendruck öffnet sich die Glasheckscheibe nach hinten und wird gekippt. Sie ist mit dem Verdeckkastendeckel verbunden. Gleichzeitig öffnen sich zwei Klappen im Targa-Bügel und geben die Kinematik des Softtops frei. Das Verdeckelement wird entriegelt und in Z-Faltung hinter den Fondsitzen abgelegt. Eine quer verlaufende Blende hinter den Fondsitzen integriert das Verdeckelement. Zum Schluss schließen sich die Bügelklappen wieder und die Heckscheibe fährt in ihre Ausgangsposition. Zum Schutz vor Beschädigungen überwacht der serienmäßig integrierte hintere Parkassistent beim Öffnen oder Schließen des Dachs den Bereich hinter dem 911 Targa. Die Verdeckablage ist im Fahrzeug so untergebracht, dass sowohl das Kofferraumvolumen als auch die Viersitzigkeit erhalten bleiben. Bei geöffnetem Dach kann ein im Windlaufrahmen integrierter Windabweiser manuell aufgestellt werden. Er verringert nochmals deutlich Zugluft im Innenraum. Die neue Targa-Generation kommt, wie der 997-Vorgänger, ausschließlich mit Allradantrieb ab Mai 2014 als 991 Targa 4 und 991 Targa 4S auf den Markt. Durch die enge Verwandtschaft zum 911 Carrera 4 Cabriolet stimmen Technik und Karosserie bis zur Fensterlinie weitgehend überein. Die Kombination des allradtypischen breiten Hecks mit dem Überrollbügel sowie der kuppelartigen Heckscheibe verhilft dem 991 Targa zu einem Höchstmaß an Fahrdynamik und lässt ihn ausgesprochen sportlich wirken. „Wir wollten ein innovatives Fahrzeugkonzept schaffen, das die charakteristischen Designmerkmale des ursprünglichen Targa mit den Komforterwartungen der Kunden an ein modernes Cabriolet verbindet“, sagt Dr. Heinz Soja, damaliger Leiter der Karosserie-Serienentwicklung. Die Porsche-Entwicklungsteams haben mit dem alten neuen Targa einen hohen Wiedererkennungswert geschaffen. „Komplexität ist etwas Einmaliges, es bringt viele Feinheiten mit sich. Die Hochgeschwindigkeits-Verriegelung ist eines von vielen kleinen versteckten Features des 991 Targa“, so Karosserie-Entwickler Kurt Pfertner. Markus Schulzki ergänzt: „Die geöffnete Targa-Dachfläche beträgt genau 911 Quadratzentimeter.“ Auch der gebürtige Amerikaner und Designer Grant Larson erinnert sich ganz deutlich an die Premiere: „Ich werde das Kinematik-Wunder nicht vergessen: 2014 in Detroit mussten wir bei der Vorstellung ständig die Batterie nachladen. Die Besucher haben die ganze Zeit das Dach auf und zu gemacht, das ging den ganzen Tag so.“ Manchmal ist auch Technik ganz einfach.

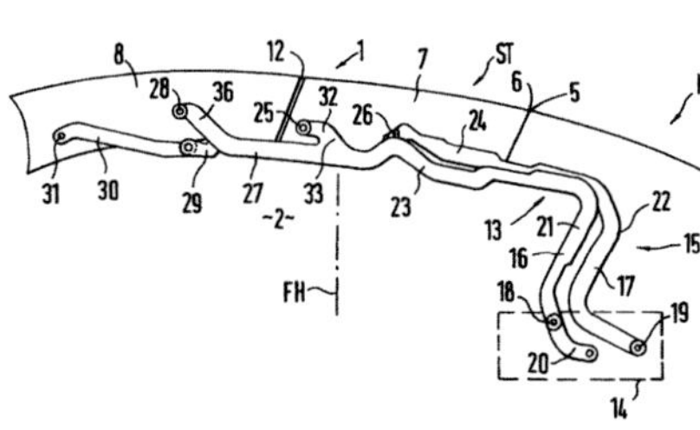
Fig.1A

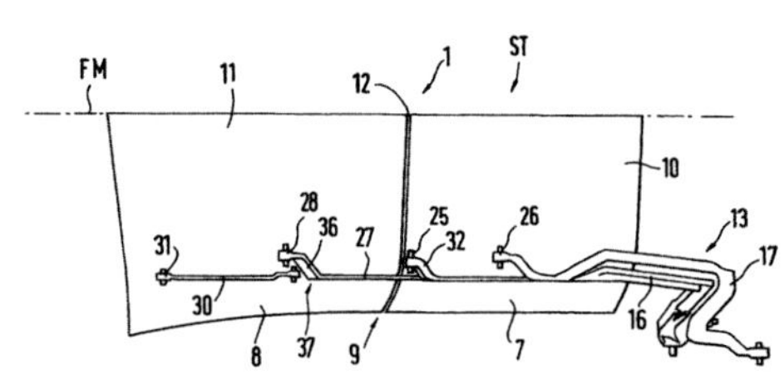
Fig.1B

Von der Vision Targa 2007 zum Patent: Die verlagerbare Dachanordung melden Mathias Fröschle und Markus Schulzki am 22.07.2009 zum Patent an. „Wir haben beide von Anfang an Feuer gefangen bei der Idee, im Team den klassischen Bügel in den Targa zurückzubringen“, berichtet Fröschle. Sein privater hellgelber Ur-911 Targa aus dem Jahr 1971 steht später, während der Styling-Phase, im Hof des Designstudios bei Kollege Grant Larson Modell für den charakteristischen Überrollbügel und für die Blende.

PORSCHE DESIGN

DER 911 TARGA
TYP 992

Bauzeit 992: Seit 05/2020
Modelljahre: Ab 2020, intern: L-Programm
911 Targa: 25.658 Einheiten
911 Coupé: 158.944 Einheiten
911 Cabrio: 59.269 Einheiten
Gesamt: 243.871 Einheiten[1]

Stimmige Kombination: 2020 startet der 911 in seine achte Modellgeneration und interpretiert mit den beiden Allrad-Varianten 992 Targa 4 sowie 992 Targa 4S die Stil-Ikone auf moderne, extravagante Weise. Diese Verbindung wird einen Monat später durch die 911 Targa 4S Heritage Design vertieft. Die Weltpremiere des 992 Targa findet digital im Rahmen des Web-TV-Formats „9:11 Magazin“ statt.

Die Highlights:

- ➔ Mai 2020: Der 992 Targa komplettiert als extravaganter Allrounder mit elegantem Design das 911-Angebot neben Coupé und Cabriolet
- ➔ Juni 2020: Die auf 992 Exemplare limitierte Targa 4S Heritage Design Edition etabliert die neue Produktlinie „Lifestyle“ mit exklusiven Sondermodellen
- ➔ Prägnantes Merkmal bleibt das innovative, vollautomatische Dachsystem mit charakteristischem breitem Bügel, beweglichem Dachteil über den Vordersitzen und der umlaufenden Heckscheibe
- ➔ Wassergekühlter 6-Zylinder-Boxermotor mit 3,0 Litern Hubraum und Biturbo-Aufladung
- ➔ Leistung: 283 kW (385 PS), 4S: 331 kW (450 PS)
- ➔ Beschleunigung 0–100 km/h: 4,2 Sek., 4S: 3,6 Sek.
- ➔ Höchstgeschwindigkeit Targa 4: 289 km/h, 4S: 304 km/h
- ➔ Listenpreis 08/2020, Targa 4: 128.486 Euro, 4S: 143.956 Euro

[1] Stand der Produktionszahlen: 31.12.2024

Streetart trifft Lifestyle. „Wir übernehmen alles und ändern nichts, so starten wir meistens in der Entwicklung", erklärt Akustik-Ingenieur Jürgen Ochs die Idealvorstellung der Porsche-Baureihenleitung zu Beginn der 992-Targa-Neuauflage auf Basis des Typs 991 Targa. „Man braucht ja immer etwas zum weiterentwickeln", entgegnet Kollege Bodo Homann und lehrt das 911-Credo. So startet der 911 in die achte Modellgeneration mit den drei Karosserievarianten Coupé, Cabriolet und Targa. Die Allrad-Varianten 992 Targa 4 und 992 Targa 4S werden am 18. Mai 2020 der Öffentlichkeit virtuell im Rahmen des Web-TV-Formats 9:11 Magazin vorgestellt. Das extravagante Targa-Design wird mit der 992-Generation modern interpretiert und ist Karosserie-seitig vorn durch deutlich prägnantere Radhäuser gekennzeichnet. Zwischen den LED-Scheinwerfern nimmt die Fronthaube mit der eingeprägten Vertiefung das Design der ersten 911-Generationen auf. Am Heck dominieren der breitere, variabel ausfahrbare Heckspoiler und das nahtlos integrierte feine Leuchtenband. Mit Ausnahme des Bug- und des Heckteils besteht die gesamte Außenhaut aus Aluminium. Das Interieur entspricht den 911 Carrera-Modellen und ist geprägt von den klaren und geraden Linien der Armaturentafel mit der zurückversetzten Instrumentenebene, die von den 911-Modellen der 1970er-Jahre übernommen wurden. Neben dem Porsche-typisch mittig positionierten Drehzahlmesser erweitern zwei dünne, rahmenlose Freiform-Displays die Informationsanzeigen für den Fahrer. Unter dem 10,9 Zoll großen Centerscreen des Porsche Communication Management (PCM) befindet sich eine kompakte Schaltereinheit mit fünf Tasten für den direkten Zugriff auf wichtige Fahrzeugfunktionen. In der Mittelkonsole befinden sich auch die Tasten zum Öffnen und Schließen des innovativen, vollautomatischen Dachsystems, das aus dem charakteristischen breiten Bügel, einem beweglichen Dachteil über den Vordersitzen sowie der umlaufenden Heckscheibe besteht und sich in 19 Sekunden komfortabel öffnen oder schließen lässt. Zum ersten Mal gelingt mit dem 992 Targa 4S der Sprint von 0 auf 100 km/h in unter vier Sekunden, der mit 3,6 Sekunden um vier Zehntel schneller ist als sein Vorgänger. Die Höchstgeschwindigkeit des 911 Targa 4 liegt bei 289 km/h (plus zwei km/h), die des 4S bei 304 km/h (plus drei km/h). Die verbesserte Performance und Traktion liegen auch an dem optimierten Allrad-Antrieb, die durch eine Weiterentwicklung des Vorderachsgetriebes erzielt werden konnten.

Die wassergekühlte Einheit aus Kupplung und Differenzial verfügt über verstärkte Kupplungslamellen für mehr Belastbarkeit und Robustheit. Eine Erhöhung der Stellmomente an der Kupplung verbessert deren Stellgenauigkeit und damit die Funktion des zusätzlichen Antriebs über die Vorderachse. Auch das weiterentwickelte Fahrwerk mit dem elektronisch geregelten variablen Dämpfersystem PASM (Porsche Active Suspension Management) gehört bei den neuen 992-Targa-Modellen zur Serienausstattung und verbessert Komfort und Sicherheit. Der neue serienmäßige Wet Mode kann manuell dazugeschaltet werden und erkennt durch Sensoren signifikante Nässe auf der Fahrbahn. Dadurch wird das Ansprechverhalten des Antriebs so angepasst, dass ein Maximum an Fahrstabilität gewährleistet ist.

Zur fahrdynamischen Abstimmung gehören auch die neuen unterschiedlichen Räder-Durchmesser, die erstmalig mit 20-Zoll-Leichtmetallrädern an der Vorderachse und 21-Zoll-Rädern an der Hinterachse zum Einsatz kommen. „‚Traktorlook' haben wir dazu gesagt. Mit den großen Reifen hinten sah der 992 Targa so aus. Bei offenem Dach haben die ersten Prototypen aufgrund dieser aerodynamischen Anstellung auch extrem gewummert. Wir in der Akustik haben am Anfang die Welt nicht mehr verstanden und mussten mit der Abstimmung des Windabweisers von vorn beginnen", so Ochs. 2021 werden die fünf neuen 911 GTS Modell-Varianten vorgestellt, die auch den 911 Targa 4 GTS mit Allradantrieb eigenständiger und dynamischer werden lassen. Dazu zählen die zahlreichen schwarzen oder abgedunkelten Details am Exterieur, wie der charakteristische Bügel mit Targa-Schriftzug. Zum Herbst 2024 werden die 911 Carrera GTS-Modelle mit einem innovativen Performance-fokussierten T-Hybrid ausgestattet, mit 400-V-Traktionsbatterie, neu entwickeltem 3,6 Liter-6-Zylinder-Boxermotor und elektrisch unterstütztem Abgasturbolader. Beim 911 Targa 4 GTS kommt das Fahrwerk des 911 Targa 4S zum Einsatz. Die verbesserten aerodynamischen Eigenschaften führen auch zu einer besseren Fahrdynamik, die an Bug und Heck die Fahrzeugbreite und Statur markant betonen.

„Der 911 Targa gehört zum Urbegriff des 911. Er ist der erste offene 911 und in der Verwandtschaft steckt auch immer die gleiche Leidenschaft", ordnet der Leiter der Baureihe 911, Michael Rösler, die Herkunft des Targa ein. Das Gefühl des Besonderen drückt sich für ihn auch im Produkt aus. Rösler hat schon während seines Studiums des Wirtschaftsingenieurwesens ein Praktikum bei Porsche absolviert und seitdem ist er dort geblieben. 2021 folgt dann die Gesamtfahrzeugverantwortung für den 911. „Ich bin ein Porsche-Kind und der 911 ist mein Leben. Er ist für mich das persönlich beste

„IT EXISTS BECAUSE IT’S COOL.“
CAR AND DRIVER

So lautet das Fazit des amerikanischen Branchenmagazins *Car and Driver* zum 992 Targa. Das Heft gibt es seit 1955, damals als *Sports Cars Illustrated*.

Produkt und der Inbegriff des Sportwagens. Der Targa hat alle Technologiekompetenzen vom 911 und ist einfach ein Auto zum Liebhaben. Licht und Sonne, das setzt im Körper Prozesse frei und ich persönlich mag es auch, wenn es hell ist im Auto." Dieser Targa ist das erste von insgesamt vier Sammlerstücken aus der Heritage-Design-Strategie, mit der Porsche die Verbindung von traditionellen Stil-Elementen, zeitlosem Design und moderner Technik vertiefen will. Die auf 992 Exemplare limitierte Auflage als exklusives Sondermodell der Porsche Exclusive Manufaktur wird im Juni 2020 präsentiert: mit viel Liebe zum Detail sind markante Elemente des 911 Targa und des Porsche 356 in einem Gesamtkonzept neu interpretiert und mit modernster Sportwagentechnologie vereint worden. Das erste Heritage-Design-Modell basiert auf dem neuen 911 Targa der Generation 992 und verfügt über die neuesten Technologien für Fahrwerk, Assistenzsysteme und Infotainment. Mit der exklusiven Lackierung in Cherrymetallic sowie vier weiteren, verfügbaren Exterieurfarben und goldfarbenen Schriftzügen entsteht ein authentischer Look im Stil der 1950er-Jahre. Hochwertige weiße Folierungen in historischem Design prägen das Exterieur der 911 Targa 4S Heritage Design Edition. Besonders markant ist die speerförmige Motorsport-Grafik auf den vorderen Kotflügeln. Ein weiteres Highlight ist die Porsche-Heritage-Plakette am Heckdeckelgitter, deren Design an die Plakette des Porsche 356 erinnert, die damals nach Erreichen der 100.000-km-Marke vergeben wurde. Die historischen Porsche-Wappen von 1963 sind auf Fronthaube, Lenkrad, Radnabenabdeckungen, Fahrzeugschlüssel sowie geprägt auf Kopfstützen und Schlüsseletui zu finden. Im Interieur findet sich eine exklusive Bicolor-Lederausstattung, die Leder in Bordeauxrot mit Clubleder OLEA in Atacamabeige oder Leder in Schwarz mit Clubleder OLEA in Atacamabeige kombiniert. Mit Kordsamt, eingesetzt auf Sitzen und Türverkleidungen, kehrt ein bereits im Porsche 356 verwendetes Material zurück und lässt den Zeitgeist und die Mode der 1950er-Jahre aufleben. Der Drehzahlmesser und die Stoppuhr im klassischem Look mit grüner Beleuchtung unterstreichen die Emotionalität des Konzepts genauso wie der perforierte Dachhimmel in Mikrofaser. Im September 2021 wird das letzte Fahrzeug dieser limitierten Edition in der Exclusive Manufaktur in Zuffenhausen fertiggestellt.

„Wenn man am Targa überhaupt einen einzigen Nachteil findet, dann die Tatsache, dass man das Dach nicht während der Fahrt öffnen kann und das Fahrzeug stehen muss", resümiert August Achleitner. „Ich denke, dass man mit dem heutigen System das Öffnen des Targa-Dachs während des Fahrbetriebs realisieren kann. Wir haben damals schon Versuche gemacht und die waren gut. Nur konnten wir die gesetzlichen Vorgaben noch nicht erfüllen." Sein ehemaliger Kollege Mathias Fröschle pflichtet ihm bei: „Ja, wir haben das Thema auf Basis des 997 in der Vorentwicklung bereits untersucht. Da war das Heck-Package anders, mit einem verkürzten Glasdeckel. Wir haben damit die Bügelblende weggehoben und es hat von der Größe her funktioniert. Doch durch ein anderes Packaging ist die Lösung mit dem Heckdeckel und Bügel dann zu groß geworden und hätte die Rückleuchten verdeckt, was nicht zulassungsfähig ist." Achleitner scherzt: „Schade, dass ich jetzt in Rente bin." Doch Verdeck-Experte Dominik Beierl erinnert an die Porsche-Historie. „Wir waren mit dem 997 und dem 987 die ersten, bei denen das Verdeck während der Fahrt geöffnet und geschlossen werden konnte. Jetzt müssen sich halt die Nachfolger etwas einfallen lassen."

Der Targa ist weder Cabriolet noch Coupé. Als eigenständiges Fahrzeugkonzept, das seit 1965 weltweit für den Sportwagenhersteller steht, verbindet nur der Porsche 911 Targa die 911-Idee eines Coupés mit der des Cabriolets: Als kompakter Allrounder bietet er Komfort, einen hohen Alltagsnutzen und gleichzeitig die Möglichkeit des Offenfahrens in einer wunderschönen Formensprache. Stil. Ikone. Das Urteil von Harm Lagaaij ist eindeutig: „Auch andere Porsche-Modelle oder von anderen Herstellern haben den Targa-Bügel in ihr Fahrzeugkonzept integriert. Die sehen teilweise einfach nicht schön aus. Der Targa ist ein einzigartiges emotionales Fahrzeugkonzept, das zu Porsche passt – er hat eine Historie und Tradition. Alle Porsche Targas sind schön, das ist doch ein tolles Ergebnis. Der Targa hat keine Sicherheitsvorteile, das Fahrzeug wiegt mehr, er ist komplexer. Also ist das ein emotionales Thema. Er erfüllt alle Randbedingungen, die ein Coupé abdecken muss." August Achleitner ergänzt: „Ja, in den 911 Targa passen sogar zwei Paar Ski hinein. Für den Kunden ist der Targa einfach ein superschönes Auto, das ein ganz spezielles Design hat. Für mich ist der Targa einer der schönsten 911 überhaupt." Das sagt „Mister 911" August Achleitner, der von 2001 bis 2019 die Baureihe 911 leitete und damit den Kern der Marke Porsche nicht nur produkttechnisch stetig weiterentwickelt hat.

TARGA-FALTDACH
„ZIEHHARMONIKA-HANDLING"

Wie bei diesem 911 Targa der G-Serie demonstriert, lässt sich das aus strapazierfähigem Kunstleder gefertigte Dach einfach wie eine Ziehharmonika zusammenfalten und anschließend im vorderen Teil des Kofferraums verstauen.

targa

PORSCHE
heritage

PORSC
911 targa 4S

50
PORSCHE

Team Porsche Targa: ein Teil der Ingenieure, die vom ersten Ur-911 Targa bis zum 992 Targa mitgearbeitet haben. Alle Personen auf dem Foto sind Mitglieder der größten Betriebssportgruppe der Porsche AG, der „Freunde Luftgekühlter Boxermotoren (FLB)“.

„ES IST DAS LEBENSGEFÜHL, DAS VOM TARGA AUSGEHT: DIE GROSSE HECKSCHEIBE IST WIE DAS FENSTER DER SPACE STATION – ES ERMÖGLICHT EINEN BESONDEREN BLICK AUF DIE WELT."

Mark Porsche
über den 911 Targa, sein Lieblingsauto, und ein Vermächtnis seines Vaters Ferdinand Alexander Porsche: das Lebensgefühl Targa.

Eine Frage der Perspektive. Es gibt da eine natürliche Betrachtungsweise: eine Fähigkeit, ein sich Befassen und Einlassen auf eine Sache, um sie zu verstehen und dadurch besser machen zu können – ob bei Produkten, Gegenständen oder vielleicht auch die Welt als solche. „Mein Vater war immer fasziniert von Produkten, die verschiedene Verwendungsmöglichkeiten haben. Der Targa speziell mit dem Softwindow-Konzept bietet durch den Bügel verschiedene Fahrerlebnisse und -eindrücke, je nachdem, welches Dachteil ich am Fahrzeug gerade offen habe", erzählt Mark Porsche, der jüngste von drei Söhnen des ehemaligen Industriedesigners Ferdinand Alexander Porsche, der von seiner Familie mit Spitznamen „Butzi" genannt wurde. „Im Nachhinein bereue ich es, nicht in die Designrichtung gegangen zu sein. Doch ich wollte damals unbedingt Film studieren", gibt der heutige Unternehmer zu. „Jeder von uns hat seinen Weg gemacht und obwohl wir drei Brüder andere Berufe gewählt haben, begeistern wir uns für Produkte. Der Drang zur Kreativität ist in uns allen, dem geben wir auf ganz unterschiedliche Weise einen individuellen Freiraum."

Vermutlich genau wegen der verschiedenen Interessen verkörpert die Familie mehr als nur den großen Namen der Sportwagen-Marke aus Stuttgart. Auch die Faszination für den ersten offenen 911 wird weitergetragen. Das Auto mit dem Überrollbügel schafft Verbindungen über den Fahrzeugbau hinaus, der Targa ist das Lieblingsauto von Mark Porsche und auch das seiner Frau. „Der Targa war ein wichtiger Schritt. Als Sicherheitscabriolet steht er für Innovation und ist die Symbiose aus Funktion und Design. Der Überrollbügel ist so harmonisch in das ursprüngliche Fahrzeugdesign integriert, dass die 911-Charakteristik erhalten bleibt. Das Schöne ist, das sich der Targa zum Design-Kultstück, zu einer Ikone entwickelt hat und eine eigene Followerschaft gewinnen konnte", ergänzt Porsche, der selbst leidenschaftlicher Autofan ist. Die erste Hochphase des 911 Targa fällt in die Zeit, in der F. A. Porsche mit seinem Designbüro weiter Maßstäbe setzt: zunächst mit dem Chronograph I, der durch den hohen Kontrast mit der mattschwarzen Grundfläche, der Tachymeter-Skala, weißen Ziffern und dem roten Sekundenzeiger dafür sorgt, dass die Uhrzeit aus jedem Blickwinkel und bei jedem Lichteinfall stets ablesbar ist, wie im Rennsport.

Mit der Transformation der Gestaltungsprinzipien des Automobilbaus auf das Design von Uhren erfüllt F. A. Porsche den ersten Auftrag, der von der Firma Porsche selbst stammt – die Armbanduhr soll ein Geschenk für wohlverdiente Mitarbeiter sein. Wenig später wird der Chronograph auch über Porsche-Händler vertrieben und bei Motorsportgrößen sowie Schauspielern zum beliebten Accessoire. 1978 kommt die erste Sonnenbrille mit tropfenförmigen Gläsern und Schnellverschluss zum Wechsel der Gläser hinzu. Das weckt auch Assoziationen bei Sohn Mark. „Es klingt vielleicht etwas abstrakt, aber der Bügel und die große Scheibe erinnern mich von weitem an eine Sonnenbrille", sagt er. „Beim 911 Targa denke ich immer an Sommer, Sonne und gutes Wetter. Es ist das Lebensgefühl, das vom Targa ausgeht: Die große Heckscheibe ist wie das Fenster der Space Station. In den alten Werbeprospekten sieht man dort hinten oft Kinder sitzen, wie sie in die Welt schauen. Das hat für mich eine ganz besondere Bedeutung." Spielerische Elemente haben in der Familie Porsche ihren festen Platz und haben ihren Ursprung schon in der vorherigen Generation. „Ähnlich wie bei seinem Bruder Hans-Peter war die Faszination für Spielwaren und Rennbahnen bei meinem Vater sehr ausgeprägt. Spielsachen waren nach dem Krieg rar und haben für Kinder, die den Krieg erlebt haben, eine Flucht in eine andere Welt, ins Spiel ermöglicht. Konfrontiert mit der harten Realität war die Spielewelt Zuflucht und gleichzeitig eine Quelle eigener Kreativität. Da es wenig Spielsachen gab, haben mein Vater und seine Brüder einfach eigene gebaut."

Den eigenen Träumen nachzujagen, erfordert neben Mut auch die richtige Perspektive. Sie ist mit das Entscheidende, gepaart mit dem Blickwinkel auf das, was um einen herum passiert, und Momenten des Innehaltens. Die Begeisterung für den 911 Targa hat sich bei Mark Porsche schon in jungen Jahren entwickelt, vermutlich auch durch die gemeinsame Familienzeit. „Das Designbüro von meinem Vater war in meiner Kindheit ein Stück weit auch mein Spielplatz. Ich habe ihn oft besucht und anstelle von Hausaufgaben haben wir Modellautos und Produkte studiert oder sind gemeinsam durchs Studio gelaufen. Meine Mutter hat oftmals gefragt, ‚Habt ihr denn nur gespielt?', wenn sie von Ihren Erledigungen zurückkam", erinnert sich Porsche. Ein Auszug aus einem ganz normalen Familienalltag.

Auf dem Foto links oben ist Mark Porsche eingerahmt von einem 912 Softwindow-Targa und einem 991 Targa. Das G-Modell (rechts oben) wurde in Laguna Beach in Kalifornien aufgenommen, der Targa stammt aus dem Jahr 1977, dem Geburtsjahr von Mark Porsche – Foto und Fahrzeug sind von ihm. Auf dem Foto unten von 2005 steht sein Vater F. A. neben einem frühen Targa, kurz vor dem Ferdinand-Alexander-Porsche-Treffen, das der Porsche Club Salzburg initiiert hatte.

THE BEAUTY | DETAILS

targa

P
M

targa

targa

targa

targa

VORREITER
IN TRADITION UND MODERNE

Auf einen Blick: Der 911 Targa verkörpert die Synthese aus Innovationskraft und Pioniergeist des Sportwagenherstellers Porsche wie kaum ein anderes Modell.

Meilensteine: Der charakteristische Targa-Überrollbügel in seinen Ausprägungen vom Ur-911 über die Glasdach-Ära bis hin zur Rückkehr im 991 im Jahr 2020.

Die Reise geht weiter.

Literaturverzeichnis

Bei der Erstellung dieses Buches wurde unter anderem auf die folgenden Quellen zurückgegriffen:

Archive
Dokumentensammlung des Unternehmensarchivs der Dr. Ing. h.c. F. Porsche AG

Bücher

- Lorenzo Ardizio, Porsche. Alle Modelle, Edition Porsche Museum, Delius Klasing, Bielefeld 2019
- Marc Bongers, Porsche. Alle Serien- und Sportwagen seit 1948, Motorbuch, Stuttgart 2014
- Tony Corlett, Porsche 911. Die legendäre G-Serie 1973–1989, Delius Klasing, Bielefeld 2024
- Andreas Gabriel u.a., Porsche 911 G-Model. Air-cooled Years 1974–1989, Berlin Motor Books, Berlin 2024
- Andreas Gabriel, Porsche 993. 25 Years 1994 – 2019, Berlin Motor Books, Berlin 2020
- Jürgen Lewandowski, 50 Jahre Porsche 914, Edition Porsche Museum, Delius Klasing, Bielefeld 2019
- Peter Weidenhammer: Destination 901. Die Vorgeschichte des Porsche 911 – Von der Idee zur Weltpremiere, Edition Porsche Museum, Motorbuch, Stuttgart 2023

Zeitschriften

Christophorus
Porsche Fahrer
Porsche Klassik

Websites

newsroom.porsche.com
christophorus.porsche.com
www.autorevue.at
www.elferclassic.de
www.gute-fahrt.de

Bildnachweis

Alle Abbildungen entstammen dem Unternehmensarchiv der Dr. Ing. h.c. F. Porsche AG, außer:

Dominik Hildebrandt: S. 4, 150; Stefan Bogner: S. 8, 24, 25 o., 34, 124, 152, 185 u.r., 188, 221; Markus Bolsinger: S. 26, 30, 32 u., 55 u., 161 r., 209 u., Umschlagseite 1; Harm Lagaaij: S. 63; Grant Larson: S. 64, 65; Studio Goico: S. 122; Dominik Hildebrandt & Gregor Funk: S. 128–138, 148/149; Christoph Scharf & Dominik Hildebrandt: S. 140–146; Steven Murkett: S. 157 o.l./u.l./r.; Mark Porsche: S. 211, 213; Mathias Fröschle: S. 223

Nicole dankt:

Das erste Buchprojekt über den 911 Targa kann nur mit einem herausragenden Team gelingen. Mein ganz besonderer Dank gilt meiner Familie und meinen Freunden sowie allen Interviewpartnern, Zeitzeugen, Fotografen und Unterstützern, die mir ihre Targa-Geschichte anvertraut haben und bereit waren, die Buch-Idee mitzugestalten. Dazu zählt allen voran August „Gustl“ Achleitner, der die Vorlage zu diesem Buch lieferte und, wie so häufig, den entscheidenden Impuls für ein neues Projekt in den Raum gestellt hat. Danke auch für das erste Interview zusammen mit Harm Lagaaij und Grant Larson, das die gemeinsame Targa-Reise begründete. Für das Vertrauen und die wundervolle Zusammenarbeit danke ich von Herzen Edwin Baaske und Hanno Vienken, dem besten Lektor, sowie dem Team des Porsche Museums um Frank Jung mit Dieter Gross und Jörg Thilow. Danke für das erste gemeinsame Brainstorming, eure Ideen, Erwartungen und die tollen Details aus dem Archiv. Auch dem Team der Porsche Betriebssportgruppe Freunde Luftgekühlter Boxermotoren (FLB) gilt mein ganz großer Dank. Bernd Stadler und Jens Ehrhardt, ihr habt mich unermüdlich unterstützt und durch den Zeitzeugen-Aufruf haben wir im Clubheim wunderschöne Geschichten über den Targa und die damit verbundene Sportwagen-Entwicklung zum Vorschein gebracht. Danke Mathias Fröschle für deine Expertise, deinen Sachverstand und Support in so vielerlei Hinsicht. Auch gab es legendäre Fotoshootings, sei es mit dem Tatort-Targa oder dem allerersten Presse-Targa: Danke an Dominik Hildebrandt, auch für die inspirierenden Fotos und Ideen, Ben Merkel, Richy Müller und Kuno Werner für das Teamplay sowie euer Vertrauen. Auch danke ich herzlich Hans-Peter Porsche und seinem Team im Traumwerk für das Interview, den gemeinsamen Blick zurück sowie auch mit Mark Porsche auf das, was bleibt. Danke an Christine Fekesa für die tolle Begleitung.

Vielen Dank: Boris Apenbrink, Dominik Beierl, Stefan Bogner, Markus Bolsinger, Hans Clausecker, Brigitte Dithard, Caroline Fischer, Iris Haker, Christian Hartinger, Tony Hatter, Roland Heiler, Christina Heubl, Bodo Homann, Willy Kalb, Jan Mayer, Erhard Mössle, Stephen Murkett, Jürgen Ochs, Kurt Pfertner, Mark Porsche, Michael Rösler, Markus Schulzki, Günter Steckkönig, Heinz Soja, Jens Torner, Jens Walther und an alle weiteren.

Bibliografische Information
der Deutschen Nationalbibliothek
Die Deutsche Nationalbibliothek verzeichnet diese
Publikation in der Deutschen Nationalbibliografie;
detaillierte bibliografische Daten sind im Internet
über http://dnb.dnb.de abrufbar.

1. Auflage
ISBN 978-3-667-13138-6

Konzept und Texte: Nicole Hettesheimer
Lektorat: Hanno Vienken
Layout & Cover Design,
Artwork, Lithografie: Michael Dorn
Druck: Print Consult GmbH, München
Printed in Slovenia 2025

MIX
Papier | Fördert gute Waldnutzung
FSC® C106855

Delius Klasing Verlag GmbH
Siekerwall 21, D-33602 Bielefeld
Tel.: 0521/559-0, Fax: 0521/559-115
E-Mail: info@delius-klasing.de
www.delius-klasing.de

MAP09096026